林麝养殖技术及麝香生产

LINSHE YANGZHI JISHU JI SHEXIANG SHENGCHAN

郑程莉　竭　航　主编

中国农业科学技术出版社

图书在版编目（CIP）数据

林麝养殖技术及麝香生产 / 郑程莉，竭航主编.

北京：中国农业科学技术出版社，2025. 7. (2026. 1重印)

-- ISBN 978-7-5116-7362-6

Ⅰ. S865.4；R282.74

中国国家版本馆CIP数据核字第 2025LD3586 号

责任编辑 贺可香

责任校对 李向荣

责任印制 姜义伟　王思文

出 版 者 中国农业科学技术出版社

北京市中关村南大街 12 号　　邮编：100081

电　　话 （010）82106638（编辑室）　（010）82106624（发行部）

（010）82109709（读者服务部）

网　　址 https: // castp.caas.cn

经 销 者 各地新华书店

印 刷 者 北京科信印刷有限公司

开　　本 170 mm × 240 mm　1/16

印　　张 15.5　　彩插 8

字　　数 250 千字

版　　次 2025 年 7 月第 1 版　　2026 年 1 月第 2 次印刷

定　　价 58.00 元

感谢四川省科普培训项目

（立项编号：2024JDKP0219）资助

《林麝养殖技术及麝香生产》

编委会

主　　编　郑程莉　竭　航

副 主 编　孟秀祥　李地艳　杨柳青　石　鑫　赵　磊　张承露

编　　委　陈　凤　程建国　梁　婷　代秦丹　鄢　惠　朱　苹

何建琼　谢瑞利　刘　瑜　杨钦麟　冯达勇　王建明

编写单位：

四川省药品检验研究院（四川省医疗器械检测中心、四川养麝研究所）

四川省食品药品学校

重庆市药物种植研究所

中国人民大学

成都大学

阿坝师范学院

前言 PREFACE

林麝，作为麝属中的重要成员，是我国珍稀的药用动物，体型娇小灵动，成年林麝体重7～10 kg，体长70～80 cm。其毛色呈橄榄褐色并带橘红色调，下颌至胸部有显著白色或橘黄色区域，臀部近黑色。公麝上犬齿发达且突出唇外，腹部有香囊。林麝生性机警，听觉与嗅觉敏锐，多在晨昏时分活动，以各类鲜嫩的树叶、青草、野果为食，常栖息于海拔1 000～3 800 m的针阔混交林或针叶林中，凭借独特的生存习性，在生态系统中占据着不可或缺的位置。

而林麝所分泌的麝香，堪称自然界的瑰宝。它极具芳香气味，自古以来便是中医药领域的名贵药材。在传统中医药文化中，麝香被视为“上药”，承载着千年的医学智慧。其功效广泛且显著，具有开窍醒神、活血通经、消肿止痛等强大作用。在安宫牛黄丸中，麝香作为核心成分，如同开启生命之门的钥匙，能迅速唤醒高热神昏、中风昏迷的患者；苏合香丸中，它与其他药材协同作战，快速驱散寒邪，使因寒闭导致神志不清、胸腹疼痛的患者恢复清醒与舒适；七厘散里，麝香的活血散瘀之力，让跌打损伤、瘀血肿痛的伤者重获健康。不仅如此，在现代中成药的研发与生产中，麝香依然是不可或缺的珍贵原料，为人类健康持续保驾护航。

随着中医药产业的蓬勃发展，麝香的市场需求呈爆发式增长。但由于长期的过度捕猎以及人类活动对其栖息地的严重破坏，野生林麝数量急剧锐减，如今已被列为国家一级保护野生动物，野生麝香资源也面临枯竭危机。在此严峻形势下，人工养殖林麝成为解决麝香供需矛盾、保护野生林麝种群的关键举措。

《林麝养殖技术及麝香生产》正是在这样的时代背景下应运而生。本书凝聚了众多专家学者多年的科研成果，以及一线养殖从业者的宝贵实践经验，旨在为林麝人工养殖全产业链提供全面、系统、实用的专业指导。书中从林麝的生物学特性、药用价值等基础研究出发，深入探讨养殖过程中的场址规划、科学饲养、繁殖技术，再到麝香的采收加工、临床药用，均进行了详尽且专业的阐述。

对于林麝养殖企业和养殖户而言，本书是一本能切实提升养殖效益、保障麝香质量的实用宝典；对于科研人员，书中丰富的研究成果与相关知识，将为其探索林麝养殖与麝香开发的新领域提供有力支撑；而对于中医药行业从业者，关于麝香药学研究与临床应用的深入剖析，有助于他们挖掘麝香的更多潜力，开发出疗效更佳的中药产品。

我们坚信，本书的出版将有力推动林麝养殖产业朝着规范化、科学化的方向迈进，为野生林麝资源保护、中医药文化的传承与创新贡献重要力量。也衷心期待更多有志之士关注林麝养殖与研究领域，携手推动这一关乎生态保护与人类健康的伟大事业蓬勃发展。

编　者

目　录 CONTENTS

第一章

麝的生物学特性

第一节 形态与结构

一、体型

（一）林麝

成年林麝（林麝是麝属中体型最小的一种）体长70 ~ 80 cm，体高40 ~ 60 cm，体重7 ~ 10 kg。公、母麝均无角，耳长直立，端部稍圆，眼较大。公林麝上犬齿发达，形成向外弯曲的獠牙，露出唇外，一般长5 ~ 6 cm，基部宽0.7 ~ 0.8 cm，随年龄增大而增长（图1-1）。母林麝上犬齿小，包在唇内。无眶下腺和额腺，有腓腺和蹄腺，尾脂腺发达。腹部生殖器前有麝香囊。尾粗短，四肢细长，后肢比前肢发达，臀部高于肩部，有利于奔跑和跳跃，前、后肢均有四蹄，中间一对发达，窄而尖，有利于攀岩或在陡峭的悬崖上行走。尾较短，仅3 ~ 5 cm，呈三角形，隐藏于毛内。

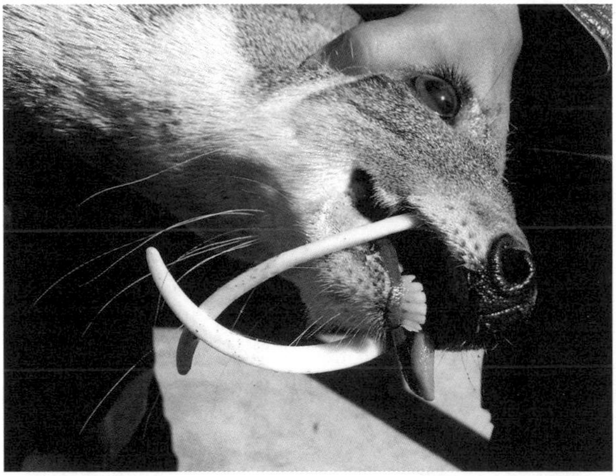

图1-1 公林麝牙（19岁）

（二）马麝

体长80～90 cm，肩高50～60 cm，体重10～13 kg，大型麝。体色浅褐带沙黄色，颈背毛具明显的旋涡状，4～6个栗色块斑排成两行。年幼个体背部有白色斑点，但在成年个体中很少发现。吻长，头部毛细密而短，黑褐色。喉部可见显著白色条纹或单一的奶油色宽带，喉部毛色常为红金黄色。耳大直立，边缘褐色，内侧和基部棕黄，上部浅棕，耳内有成行的沙色长毛，具明显的橙色眼圈。四肢前面和内侧色淡，后面色深，呈暗黑色。前肢短后肢长，善跳跃奔跑。公母均无角，公麝獠牙突出口外。尾短，腹下脐与生殖器之间有香腺。母麝上犬齿极细小，无香腺，乳头一对，四肢呈淡黄色，尾细短下毛深棕色。

（三）原麝

体长为80～95 cm，尾长仅有3～5 cm，肩高50～60 cm，体重8～13 kg。头上无角，也无上门齿，下犬齿呈门状，并与6枚门齿连成铲状，公麝有一对獠牙状的上犬齿，一般为5～6 cm，露出唇外。被毛深褐而带有红的色调，背上有许多明显的淡黄色斑点；颈部两侧至腋部有2条明显的白色或浅棕色纵纹，从喉部一直延伸到腋下。腹部毛色较浅。毛粗而髓腔大，毛被厚密，但较易脱落。头和面部较狭长，吻部裸露，与面部都呈棕灰色。耳长，大而直立。短短的尾巴藏在毛下。四肢很细，后肢特别长，站立时臀高于肩，蹄窄而尖，悬蹄发达，非常适合疾跑和跳跃。

二、被毛

麝的体毛粗硬色深，毛干波纹状，髓腔特别发达。麝的毛色因品种不同色泽从灰褐色到深褐，并因季节和栖息环境不同，毛色有一定的变化，有灰褐、深褐等色型（图1-2）。耳的基部和耳内为白色或黄白色，有的耳基部有土黄斑纹。四肢下部前侧毛色较后侧毛色深，前侧一般为灰棕，后侧为浅褐。

麝的被毛分为针毛、绒毛和触毛3种，针毛占绝对多数，其表面附有一层鳞片（图1-3），髓质密度低，似空心（图1-4）。绒毛稀少，细如蛛丝，直径不足10 μm（针毛约450 μm），且处于粗硬的针毛底层而易被忽视。麝身体表几乎全是针毛覆盖，针毛比较粗硬，毛干略呈扁形，因髓质发达而皮质很薄，所以脆而易断，这点也是麝科动物的特征。

图1-2 麝被毛外观

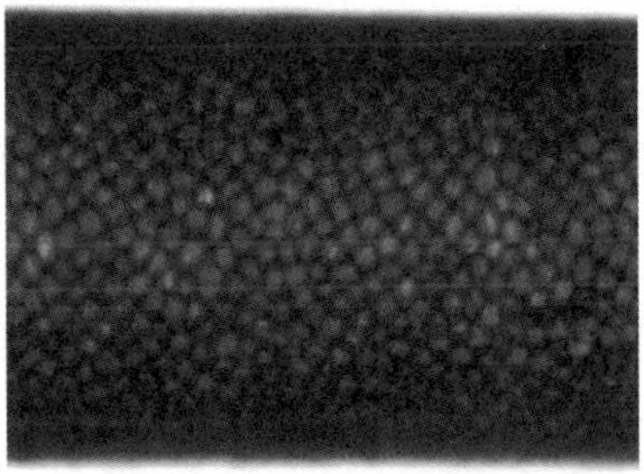

图1-3 麝针毛表面鳞片

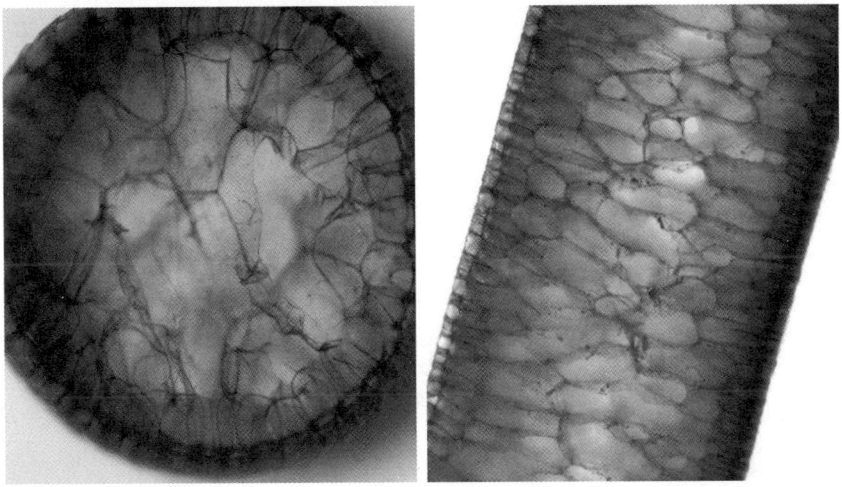

图1-4 麝针毛切面（纵、横切面）

（一）麝毛的形态结构

仔麝胎毛长约26.50 mm，宽0.14 mm。从毛基至毛尖，颜色由灰白色逐渐变为灰黑色，至毛干的2/3处，颜色转变为橘黄色或黑色，直至毛尖。1.5～2.5月龄仔麝换上的新毛，长约37.5 mm，宽0.28 mm；毛干呈波纹状，但近毛基处波纹不明显；从毛基至毛尖，颜色渐次加深，由灰白色逐渐变为灰黑色，至毛干3/4处颜色变为橙黄色，毛尖3～5 mm段则呈黑色。5～6月龄幼麝换上的越冬毛，长约48.7 mm，宽0.42 mm；毛干明显呈波纹状；从毛基至毛尖，颜色由灰白色逐渐变为深褐色，近端有2～4 mm的橙黄色，毛尖3～6 mm处为黑色。当年幼麝的越冬毛基本达到成年麝的长度。

无论仔麝的胎毛，还是成体针毛，其形态结构都大致相同。毛干中部表皮鳞片呈杂波形；皮质层已退化，但髓质特别发达，髓质结构呈蜂窝状，由三层细胞组成。胎毛髓质内层由3个不规则的大型细胞组成；中间一层由17～18个规则细胞组成，且排列较为整齐；最外层由16～17个长方形细胞组成，髓质指数为0.983。成麝毛干最内层由13～14个不规则和空隙较大的细胞组成，中间一层由38～39个较为规则的细胞组成，最外层由48～50个细胞组成，髓质指数为0.984。幼麝越冬期针毛的髓质结构已与成麝相近。

麝毛的特点是毛粗而中空，毛长而多波纹，脆而易断。但毛内及毛间空隙增大，具有良好的保温性能；毛相对硬而厚，风吹不散，有利于保暖，因此，麝能在高纬度高海拔较为寒冷的地区生活。另外麝断毛也是逃脱天敌的一种特殊方式。

（二）换毛

成年麝每年从5月开始渐进性换毛，一直延续到10—11月结束。首先从头部和四肢开始，从下向上至腋下和鼠蹊部，再向腹侧扩展，然后延至肩胛部、颈、腹和背面。初生仔麝的被毛柔软，毛色深暗，其颈部、躯干部和臀部分布有淡黄色斑点。一周龄后，仔麝的四肢和头部开始长出新毛，毛色逐渐变为白色，并有光泽。之后，仔麝毛被上的淡黄色斑点由颈部到背部，再到臀部，因毛的脱落斑点渐次消失。从仔、幼麝被毛斑点消失序看，仔、幼新生被毛的生毛序也与成年麝一致。1.5月龄时，仔麝开始长出越冬毛。在4～5月龄时，越冬毛已覆盖幼麝全身。越冬毛长成后，幼麝毛被呈深褐色。健康状况不佳的个体往往被毛换毛迟缓，甚至停止，所以有的个体会局部保留缺乏光泽的隔年被毛。从毛干结构看，幼麝越冬毛的髓质结构已与成体的相近，这表明，幼麝越冬被毛已具有与成体毛被相同的保暖性能。

麝的换毛是渐进式的，初夏新毛长出少于旧毛的脱落，秋季新毛不断增加，所以冬季被毛是最厚的。麝是否每年能全身顺利换毛，与其健康和营养条件相关。换毛期，因被毛生长要消耗大量营养物质，尤其对蛋白质的消耗比平常更多。饲养条件下，饲料若不能满足麝对蛋白质的需求，或其他健康原因常常会造成换毛不完全或完全不换毛。因此，从被毛上也可判断麝的健康状况。

三、气味腺

麝的气味腺有麝香腺、尾腺、胫腺、鼻腺、阴阜腺、肛腺和蹄腺等，分别分泌不同的信息素（外激素），行使不同的通信和交流功能。

（一）麝香腺

麝香腺是麝科动物雄性特有的结构，位于公麝腹部睾丸前方肚脐后方的香囊壁内，香腺由香腺导管与香囊开口外壁相连。麝香腺是由包皮腺衍生而成。主要分泌含糖原、中性黏多糖和中性脂肪及有芳香成分的香液，分泌物直接排入并贮存于由皮肤内陷的皮肤囊内。香囊内储存的香腺及皮脂腺分泌物，发情期散发出气味作为引诱异性的信使。

（二）尾腺

麝尾腺位于尾部背面，尾呈圆柱状，为海绵状结构。腺体是由特化的皮脂腺和顶泌汗腺所组成的混合腺，麝腹面有4～6枚尾椎支持。麝尾具有一般皮肤的构造，但表皮较薄，真皮则由于皮脂腺发达而增厚。母麝的皮脂腺较公麝小，但其顶泌汗腺则较公麝的发达；成年公麝的尾腺皮脂腺比非妊娠期母麝发达，泌香盛期与交配期的尾腺皮脂腺尤其发达。母麝妊娠期的尾腺皮脂腺比非妊娠期发达。幼麝的尾部被毛，随着腺体的发育，毛囊萎缩，尾毛脱落，仅残存于尾端或尾侧，秃尾并非系摩擦所致。尾腺主要分泌含酸性黏多糖成分的信息素，信息素的分泌可能受性激素调节。公、母麝尾腺所合成的化学成分不同，所分泌的信息素有差异。尾腺信息素的分泌与领域标记活动有关。

尾腺标记是公麝所特有的行为。标记时，公麝臀部被毛向两侧分开，露出尾部，反复在树干或小树枝上蹭擦，留下气味很浓的乳白色分泌物，乳白色分泌物与空气接触后变成褐色蜡状物，之后变成黑褐色。猎民所谓的“油桩”即为公麝尾腺分泌物的标记。

（三）胫腺

麝的胫腺（腓腺），位于胫腓部中下端外侧的皮肤与皮下组织内，成体麝的胫腺略呈长椭圆形，长约12 mm，宽约10 mm，高约4 mm。胫腺处皮肤上的毛较短。胫腺的竖毛肌、毛细血管及皮脂均较发达，顶泌腺的数量比周边皮肤多9～10倍。幼麝在80日龄时，胫腺开始分泌混合性黏多糖。泌香盛期和交配期胫腺的上皮细胞呈高柱状，胞质突发达，腺腔内的分泌物是由腺上皮所分泌的含混合性黏多糖成分的信息素。在受恐吓或突然受到刺激时，胫腺上的短针毛和周边的长针毛竖起，向四周展开并发生颤动，以增加信息素分子的扩散。胫腺释放的信息素具有行使警告、领域等化学通信的作用。

（四）鼻腺

林麝的鼻孔周围有一个无毛区，即“鼻镜”。鼻腺分布于鼻镜上，并延伸至鼻前庭。麝鼻镜的结构较为特殊，由许多皮肤腺及其分泌管组成。分泌导管逐级分支，终止于葡萄状的分泌腺。每个分泌腺包含6～8个圆锥形、尖端朝向分泌腔的细胞，细胞质具嗜碱性颗粒。腺泡细胞属局部分泌型，分泌物先汇入细小的分泌管，再逐级汇集于粗大的支分泌导管，最后由分泌导管排出。麝鼻腺属于外分泌腺，其组织结构类似于哺乳动物的唾液腺，腺上皮细胞排列于基膜上，内质网颗粒非常明显。麝鼻腺的特殊性在于，分泌腺深入固有鼻腔的呼吸部和嗅部，分泌导管直接开口于鼻前庭。

（五）阴阜腺

母麝具有阴阜腺。阴阜腺位于泄殖孔下方，形成如豌豆状大小的皮肤结节，是相当于公麝包皮腺的痕迹器官。其分泌导管细小，分布于粗短的毛束周围，在导管口附近有浅褐色的分泌物。腺区扩展至阴唇附近，形成较为肥厚的皮肤皱褶。成年母麝阴阜腺具有全浆分泌腺和顶浆分泌腺，其组织结构类似于公麝包皮腺。

（六）肛腺

位于肛门周围的皮褶上，其形态与组织结构方面的研究资料很少。一般认为，肛腺是由不甚发达的皮脂腺和汗腺组成的特殊分泌区，其全浆分泌腺的分泌导管较大，直径可达3 mm，顶浆分泌腺的分泌导管及腺毛则细小，不发达。公、母麝的肛腺略有差异。

（七）蹄腺

位于前后肢蹄间皮褶内，较为隐蔽，其分泌物不易识别，也无特殊气味。麝的蹄腺只部分地深入蹄袋内，组织学观察，其全浆分泌腺和顶浆分泌腺分布较多，并盘曲成细小的线球状；皮脂腺有3～4个膨大部，沿着毛囊开口，而缺乏通常的分泌导管。同其他已研究过的有蹄动物种类一样，麝蹄机能性的汗腺聚合成全浆分泌腺，其分泌物形成稠密的分泌层。

四、骨骼系统

林麝全身骨包括头骨30块、椎骨36块、胸骨1块、髋骨（由髂骨、耻骨、坐骨融合而成）1块、前肢骨30对、后肢骨29对、舌骨11块、喉软骨4块、肋软骨13对，共计227块，不包括34颗牙齿。

（一）头骨

麝的头骨全长为14～17 cm，由10块颅骨和20块面骨组成，骨质轻薄。

颅骨保留了一系列原始的特征：两性无角；眼眶环特别发达，单泪孔，无泪窝；泪骨上方与鼻骨间具一空隙；雄性具发达的上犬齿；下颌犬齿门齿化；臼齿为低冠齿脊齿型，齿冠外侧具有皱褶。

1. 颅骨侧视

颅型狭长，面颅骨由成对的前颌骨、上颌骨、鼻骨、泪骨和额骨构成。前颌骨较纤细，上颌骨上部与位于前端的前颌骨和鼻骨相连，下部构成着生上颌齿的齿床，眶下孔前移至第二前日齿上方；泪骨形态变异较大，泪骨长与宽的比例是物种鉴别的依据；眼窝大，呈圆形，内侧常具1或2个小孔，眼窝上部由额骨延伸而成；眼窝前壁为泪骨，基部为额骨，后部由额骨颧突（眶后突）与额骨额突（额骨突）共同愈合成发达的眼眶环；泪骨下方紧接窄长而侧扁的额骨；鳞骨额突极细，呈条形，与额骨构成额弓，连接起面颅和脑颅；脑颅主体由一对顶骨、颍骨（鳟骨）组成，脑壳下方即为基底部，眼剔骨、听泡均较小，茎突发育，呈锥状突起顶嵴常愈合成一矢状嵴，矢状嵴、“人”字嵴均不发达。

2. 颅骨背视

吻部较窄，前颌骨与鼻骨接触，鼻骨狭长，前端呈“W”形凹陷；额骨在比例上较长，低平，无额崎，额骨中缝始终愈合；在眼窝上方，常具有数个眶上孔；眶后突向后延伸形成两条崎；脑颅背视近椭圆，至枕部则逐渐变窄。

3. 颅骨腹视

前骨构成一对“前颌骨内叶”，常分2种形态，纺锤形（菱形）和直条形。齿孔大而狭长，上颌骨腹面构成口腔顶壁，相对较长；骨短而宽，翼骨突明显退化，翼间窝较宽；基底部由基蝶骨、基枕骨、岩颗骨、听泡和枕髁构成；基枕骨表面中央具一条突起的骨嵴，两侧则明显凹陷：卵圆孔较大，破裂孔较窄，听泡形小，枕髁、枕骨大孔均较大。

4. 下颌

由一对齿骨构成。下颌骨水平骨体前部较窄，往后则逐渐变宽变厚：冠状突高而纤细；髁状突形小；角突形大，圆钝。

5. 牙齿

上颌无门齿，雄性上犬齿特别发达，长而锐利，上犬齿与前臼齿（3枚）之间具有齿隙；前臼齿臼齿化，可统称颊齿；臼齿3枚，形状、大小均相似；颊齿均具有两对新月形齿突，排成两列；下颌犬齿门齿化，与3枚门齿同形，集中于前端，其齿冠几成椭圆形薄片。齿式：10/3，C1/1，P3/3，M3/3=34。第1、第3门齿齿冠的大小相近等（即为同型齿），且第1门齿间无空隙。

6. 性二型

性二型分化，在麝类中表现为雄体具一对发达的上犬齿，其长度可达50 ~ 60 mm，基部宽6 ~ 8 mm，后缘刃部颇锋利；雄体的吻部较母性宽。麝颅骨变量的性二型不显著，只有吻宽存在明显的性别差异，这与雄性具有发达的獠牙有关。

（二）躯干骨

麝躯干骨包括脊柱和胸廓。脊柱由7枚颈椎、13枚胸椎、6枚腰椎、5枚荐椎（成年时愈合为1块）和5枚尾椎组成。尾椎细短，第一至第三尾椎左右横突明显，第四、第五尾骨分别呈圆柱状和椎状。胸廓由胸椎、胸骨和肋骨围成，肋骨左右各13条，胸骨狭长，全长约18 cm，剑状软骨呈钝圆铲状。

（三）四肢骨

偶蹄目动物最重要的共同特征集中在足部，即第三、第四跖、掌骨分别愈合为炮骨，以及第三、第四趾骨承担主要的负载功能。麝作为独立的一个科，其特化程度及与其他相近科的差别也反映在足部。麝的前肢，其桡骨和尺骨紧密结合成前臂骨，桡骨长约10 cm，尺骨长约13 cm。后肢的胫骨为一发达的管状长骨，长约18 cm；腓骨近端与胫骨愈合为一向下的突起。基于麝科动物是有蹄类中唯一能上树活动的种类，其足部必然有其相应的适应特征，为此有学者对麝的前后足作了进一步的研究，结果发现其足确有特化的特征。

麝的第三、第四掌骨和跖骨分别愈合成炮骨，第二、第五掌骨存在但已退化，残留远端部分，第二、第五跖骨消失；而鼷鹿科动物前肢第二、第五掌骨完整，鹿科动物第二、第五掌、跖骨均已退化消失。相应的第二、第五趾，鹿与麝掌骨关节相同；麝的前肢与掌骨关节，后肢因无跖骨，第二、第五指的第一节指骨变得宽扁，靠肌腱与炮骨相连，起着跖骨的作用，后足跖、趾骨关节处复面，还有4枚易被忽视的籽骨。第二、第五指、趾发育较好，有功能；鹿科动物的第二、第五掌、跖骨完全消失，第二、第五指、趾悬于第三、第四掌、跖骨下方，已完全丧失功能。麝足骨在演化序列中处于鼷鹿科与鹿科之间。

麝四足结构的适应性特征表现在：与鹿科动物相比，麝的第二、第五指、趾较为原始，足的四蹄都有功能，站立和行走时，侧蹄能触及地面，在软质地面有辅助承重行走功能，也有支撑作用，免于深陷。指、趾的肌腱韧带特别发达，一直延伸到末节趾骨的结节上。背面韧带较细，腹面特别发达，炮骨部韧带的宽度占炮骨宽的1/3～1/2，在趾骨处几乎覆盖掉趾骨。发达的韧带强固了炮骨、趾和趾之间的功能。当准备起跳或逃跑时，仅第三、四趾趾尖着地，第二、第五趾悬空；当登树或在树枝上行走时，第三、第四趾与第二、第五趾张开，镶嵌于树干上，如果没有一定长度的第二、第五趾和趾间腱鞘、韧带的强固联系和协调，能在树枝上灵活行动是不可能的。

五、消化系统

麝是反刍类动物，胃由瘤胃、网胃、瓣胃和皱胃4个部分构成，总容积约12 L。瘤胃呈囊状，大而侧扁，主要占据整个腹腔的左半部。据报道，人工饲养林麝瘤胃内容物的纤毛虫数达42万～64万个/mL。网胃位于膈后，网胃黏膜形成四至七边形，多数为六边形的网格样皱褶，网格底面分布有细小的锥状乳头。瓣胃卵圆形，位于右肋部。瓣胃黏膜形成许多互相平行的皱褶，呈新月形，表面布满细小的锥状乳头。皱胃为弯曲的长梨形囊，皱胃黏膜形成许多条纵行皱褶，皱褶以体部和底部发达，排列也较规则。

林麝十二指肠呈淡红色，起始于皱胃的幽门，长为16 ~ 37 cm，小肠其余部分长度为460 ~ 870 cm。小肠长度与体长之比明显小于其他反刍动物。林麝大肠分为盲肠、结肠和直肠。盲肠长12 ~ 20 cm，结肠长212 ~ 369 cm，直肠长8 ~ 11 cm，大肠各段淋巴细胞呈弥散状分布，淋巴小结非常稀少，这可能是林麝肠道防御机制差而多患肠道病的直接原因。

林麝肝重为118 ~ 142 g，约为体重的2%。肝脏可明显区分为左、中、右三叶。肝实质被肝表面纤维膜向内延伸的结缔组织分成若干小叶。小叶间结缔组织不明显。肝小叶的中轴处有一中央静脉，肝细胞单行排列呈索状，以中央静脉为中心，向四周呈放射状排列。肝细胞索有分支，彼此吻合成网状，网眼内有肝血窦。一般在几个肝小叶相邻之处都可见汇管区。胆囊长2.3 ~ 3.7 cm，直径为0.7 ~ 1.4 cm。胆管与胰管合并成一条总的胆胰管，开口于十二指肠。

六、生殖系统

（一）雄性生殖系统

生殖器包括阴茎、阴囊、睾丸、附睾、输精管和副性腺等。睾丸及附睾都位于阴囊腔内，左右各一，略呈椭圆形。林麝睾丸长为2.0 ~ 2.5 cm，宽1.3 ~ 1.4 cm，厚0.9 ~ 1.0 cm，重0.72 ~ 0.78 g。左、右睾丸的量度一般略有差异。附睾尾处附睾管管径增大，向后延续为输精管。输精管长约21.5 cm。阴囊位于耻骨前方和两股部之间，为腹壁下陷所形成的囊状器官，以容纳睾丸、附睾和部分精索。阴囊前部与麝香腺囊相邻，距麝香腺囊约3.5 cm。阴囊纵径约4.5 cm，横径约2 cm。阴茎以两侧阴茎脚起自于坐骨弓和坐骨结节。阴茎脚的表面被覆有薄层的坐骨海绵体肌。两侧阴茎脚向前相合，形成圆柱形的阴茎体。阴茎体沿腹后部底壁的正中向下方伸延，在阴囊的后方形成“乙”状弯曲，阴茎勃起时伸直。阴茎向前逐渐变细，阴茎头呈左右扭转的圆锥形，尿道外口开口于阴茎头腹侧的螺旋沟内。尿道突长约

1.5 cm。包皮与香囊的皮肤直接相连，包皮口位于香囊底壁的后方，包皮口周围环生束长毛。尿生殖道起自于膀胱颈，沿骨盆腔底壁正中向后方延伸，绕过坐骨弓，再沿阴茎腹侧的尿道沟前行，开口于阴茎头。麝香腺囊是公麝的特有器官，位于腹下部阴囊与脐部之间，为椭圆形的囊状物。在香囊的腹侧面有前后两个开口，前面的开口为香囊口，后面的开口为包皮口，两个开口之间的距离约0.3 cm。

（二）母性生殖系统

麝的卵巢位于两侧子宫角尖端内侧上方，耻骨前缘附近。卵巢表面光滑，呈扁椭圆状，略似肾形，附着于卵巢系膜，其附着缘有卵巢门（血管、神经即由此出入），长为1.0～1.2 cm，宽0.6～0.8 cm，厚0.5～0.6 cm。输卵管弯曲较多，与子宫角之间无明显界限，长为3～6 cm，漏斗状扩大部分边缘形成许多皱襞，其边缘不整齐，伞部不发达。子宫为双角子宫，弯曲度较小，近乎平直。子宫角长为6～9 cm，角的基部直径为0.5～0.7 cm。子宫体长为2～3 cm。子宫黏膜形成许多纵行皱襞。子宫颈短，但肌层发达，黏膜上有放射状皱襞。阴道长为4～6 cm，前接子宫，后延续为尿生殖前庭。子宫颈阴道部周围有较小的环形阴道穹窿。阴门由左右两片阴唇围成，阴蒂明显。

第二节　发育与生理

麝香是公麝腹部香囊分泌熟化干燥物。麝香是一种外激素或信息化合物。香囊是公麝的副性征之一，为椭圆形的袋状物，位于阴囊前肚脐后的囊状物（图1-5、图1-6），香腺处于香囊的前方和两侧，主体部分包绕在香囊的前方，向后侧方逐渐变细，伸向囊的腹面两侧。

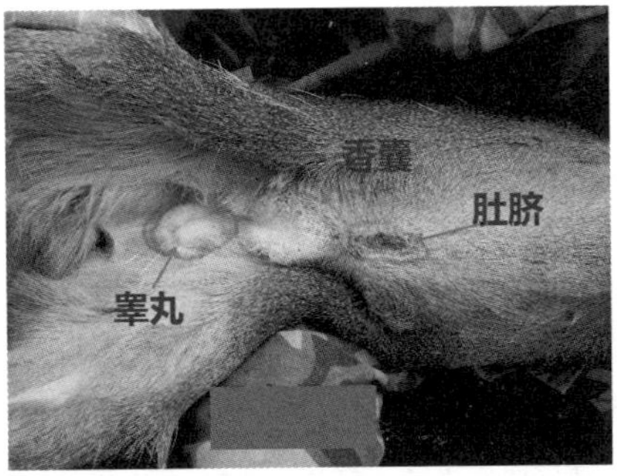

图1–5　香囊的位置

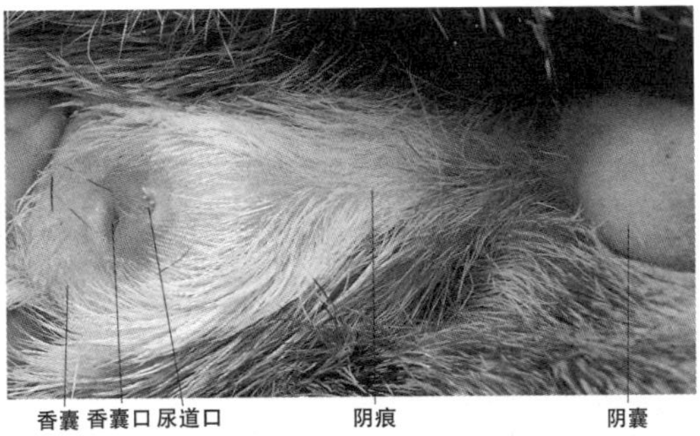

图1–6　香囊开口

公麝从1岁就开始分泌麝香，3～12岁是麝香分泌旺盛的时期，其形成和分泌过程是连续性的，通常在每年的5—7月有一次泌香过程，泌香时间为3～7 d，在人工养殖条件下一年有2次泌香过程。泌香期间采食停止，饮水降低，活动减少，睾丸肿大，阴囊下垂并红润发亮；香囊增大，囊口红润发亮；香腺组织分泌出乳白色的豆腐渣状物，并有非常强烈的麝香味。麝香在生物学上称为外激素，具有浓厚而奇异的香味。这种香味平时是它们彼此相互辨认、增加交往，以及减少同竞争对手偶遇的通信联系手段，在繁殖期间则具有吸引异性的强烈作用。

公麝的繁殖利用年限为10～16年，公麝1岁开始泌香，1.5岁产成熟麝香，初产香8～10 g，3～12岁为产香量稳定阶段，15岁以后产香开始下降，20岁仍能分泌少量麝香，但随着年龄的变化而变化。

一头养殖公麝终身产香150～200 g，为野生麝的3～4倍。公麝的寿命为20～24岁。母麝寿命为18～22岁。

林麝属麝类中最小的一种，麝香的产量和质量优于其他麝类。公麝1.5岁性成熟，2.5岁体成熟。公麝为季节性持续发情动物。

麝香的形成过程分为以下3个过程。

（1）初香形成过程

香腺部主要由分泌和输送初香液的腺组织（腺体）及疏松结缔组织组成。在疏松结缔组织与腺组织间有丰富的平滑肌和血管。疏松结缔组织和平滑肌束将腺组织分隔成多腺小叶。

腺组织由分泌部（腺泡）和排泄部（导管）组成，属复管泡状腺。腺泡柱状上皮细胞的形态随泌香机能活动而异。泌香盛期，腺细胞分泌旺盛，呈高柱状，细胞核呈卵圆形，位于细胞上端。细胞液中颗粒增多。颗粒在腺细胞的游离部最多，腺细胞的游离部呈圆顶状突向腺泡腔，并不断地从腺细胞脱落下来，就是分泌物——初香（未成熟的麝香）。因此初香是由腺体的腺泡柱状上皮细胞以“顶浆分泌”方式而产生的。

（2）运送初香的过程

排泄管（导管）是运送初香液入香囊腔的小管道。始端与腺泡相连，管径细，管壁为单层立方上皮细胞。末端较粗，管径由两层至多层扁平细胞组成，开口于香囊颈，将初香输入囊腔内。

（3）麝香的形成和贮存

香囊部主要由香囊管、颈和体组成。香囊颈和管的上段有丰富的皮脂腺，分泌大量皮脂，同香腺部分泌的初香一起放入香囊腔内。香囊体占香囊的大部分，囊腔是容纳初香和形成及贮存成熟麝香的地方。

麝的配种季节一般都在10月下旬至翌年2月末，母麝在一个发情季节里，周期性地多次发情，发情周期平均为21 d（原麝15 d）左右。每次发情持续36～60 h。公麝在繁殖季节很兴奋，性情亦变得较凶猛，打斗激烈，很少觅食。麝的妊娠期为（180 ± 7）d。产仔期从5月开始到7月初，5—6月为旺季，个别母麝也能在8—10月产仔。交配行为以凌晨和黄昏较为多见，产仔见于午后和傍晚。

仔麝的初生重为350～820 g，平均500～550 g，超过760 g，母麝难产率高。仔麝产下后，母麝立即将仔麝身上的黏液舔舐干净，咬断脐带，吃掉胎盘。仔麝出生20 d以内喜酣睡，有保护色，毛色似枯叶。仔麝在20 d以后，进食日益增多，哺乳次数逐渐减少，活动能力随之加强。在正常饲养和管理条件下，体重增加很快，40 d后可达2 kg以上。当年生的野仔麝到11个月体重达（8.83 ± 0.16）kg；到12个月，体重达（9.46 ± 0.23）kg，分别为成年体重的（70.80 ± 4.11）%和（74.83 ± 2.08）%。15个月性成熟，翌年冬季即可参加繁殖。

母麝1.0～1.5岁性成熟，2.0～2.5岁体成熟，适宜配种期2.5岁，繁殖年龄15～17年。一年繁殖一次，每胎1～3仔，全群繁殖率为150%左右，双胎率70%～85%，一头母麝终身可繁殖12～14胎，产仔20～25头。

第三节 习性与食性

一、生活习性

野生麝的生态习性：林麝栖息在海拔1 000～2 500 m的灌丛和阔叶混交林中，喜食芳香性草叶及果实。可食饲草种类多且稀疏。成片、密集的食物采食区域很少。

林麝属夜行性动物，昼伏夜出，黄昏活动频繁。行走似有定向，以粪迹、擦尾的树干为标记，循熟悉的路线活动。除繁殖季节外，多为独居活动，有固定的活动区域。活动区域大小依栖息地，食物基地和水源之间多以山脊、山谷、溪流为天然界限。有从阳坡到阴坡往返活动的规律。常从近山脊的山腰地带横绕过山，很少见从山脊的最高处或低凹处过山的现象。有留恋熟悉环境的习性（舍命不舍山），但在固有的领域内，麝有随季节变化选择栖息环境的习性，天气热时上山顶，寒冷时下山，故有“七上八下九归槽”之说，即7月在山顶，8月下山居山腰，9月回到河谷地带。说明林麝既有固定的生活领域，又有垂直的迁徙活动。麝的活动、觅食、休息、排泄都有固定的路线和地方。排泄后用前肢向后扒土覆盖。不受惊扰，不轻易变动栖息居留场所。麝有将尾脂腺的分泌物擦在树桩上、小树枝上的习惯，以寻觅自己活动地区，故也称“领地”动物。麝常在圈舍木桩上揉痒。母麝、幼麝喜臀部相对，互相擦痒。成年公麝喜在树干、树桩、岩石角上、圈舍门框上及其他物体上摩擦臀部。凡摩擦之处均留下腥臭气味和蜡状物质。在公麝活动的道路上，尤其在谷底小溪两旁附近，均可见麝摩臀用的小树枝，猎区称“油桩”。这仅为公麝所特有。性尚未成熟之前，无摩擦尾部的习惯。永野为武（1972）指出，公麝摩擦时分泌于树枝上的物质，借以作为路线标识和彼此联系的信息。由于经常摩尾，公麝尾部裸露无毛，或仅在尖端具一簇毛。油桩多数是具弹性的细枝。

当麝受到侵害、惊吓逃离后，大多不久又回到原处。猎人流传一句谚语：“舍命不舍山”。麝拂晓和夜间活动多，白天则静卧休息。在阔叶林、灌木林、针阔混交林均可见麝的踪迹。麝几乎无抵御任何肉食兽侵害的能力，较小的豹、猫和黄鼬都可能伤害仔麝，甚至成年麝。麝善奔跑，能上树，跳跃力很强，能平地跳起2 m以上，还可以在很陡的壁上跑几步，嗅觉特别发达，听、视觉敏锐，遇有异样声响即迅速逃遁。

麝在阴雨天、大风天或由晴变阴、由阴转晴的天气时最为活跃，疯狂奔跑，互相追逐，即通常所说的“闹圈”。麝的活动规律性强，采食、饮水、休息和大、小便都有一定的时间性，其活动和大小便均有固定路线和地点。

麝是一种胆小、性急的动物，见到异物、听到不寻常的声响，全身的毛竖起，心跳加快（人在距离麝3 m左右就可听到其心脏跳动振动胸壁声），呼吸加快，并且鼻子一抽一抽，两眼凝视，然后从鼻腔猛地喷气，发出“吭哧、吭哧”的惊怕声，或向前跳起，四蹄使劲踩地，发出跺足声，以示威吓。

麝的性情急躁，容易动怒，公麝尤为明显。麝在恐惧或生气时头部战栗发抖，从口吹气，用鼻孔腔猛烈一吸一喷，两目圆瞪、凝视。

在圈舍里一只麝受惊奔跑，其他麝也就惊恐而跑起来。野性较强和刚进场不久的麝，见人或其他动物等，会不顾一切地拼命奔跑，乱蹦乱跳。在因治病、取香而捕麝时，不能长时间地追捕，以防造成病、伤或死亡。当麝的四肢被抓住或绑缚后，麝会拼命挣扎，乱滚乱撞，时间稍长就会死亡。所以，在运输过程中，千万不要捆绑四肢。

麝很机警，打盹时听到很小的异声，看见异物后，马上站起来抬头四周张望，耳朵前、后转动仔细地听，并发出“吭噗、吭噗”的惊恐声，或马上逃跑；若看见异物或人，麝就站在那里凝视，边向前边嗅，来仔细察看。进入生疏的地方，则一步一步轻慢地走，走几步就停下来仔细地看、听、嗅，若无威胁时，再慢慢向前；如果看到动物或听到声响，转身就跑。

麝借助跑动的前冲力能在直壁上换步，高于4 m的墙或高于3 m的栅栏也能上去。但当墙头上或栅栏顶部设有向内伸出30 cm的遮檐后，2.5 m高的墙和栅栏就可阻拦麝外逃。

麝在野生动物食物链中处于下端，常是以快速奔跑、爬陡坡、上斜树、越深沟及跑入隐蔽处来躲避豺、狐、虎、豹等高端食物链天敌。但是，强壮的麝也有一定的自卫攻击性。当狗或其他动物接近时，麝就吹气、威吓，并跳起用前蹄按压刨打；当人接近或抓仔麝时，母麝就边跳边叫，有的母麝也会刨打。

麝孤僻、无群性。在野外，一般只在发情期，可见一公一母或两公追逐一个母麝。非繁殖期多单独活动。仔麝只在吃奶时才与乳母麝在一起，吃完奶就去休息，很少跟随母麝。同一母麝产的2个仔麝也很少在一起活动。但是母麝采食、活动不远离仔麝，休息时也卧在能看见仔麝的地方，给仔麝喂奶时，慢慢地边走边嗅到仔麝跟前，先嗅仔麝，然后舔仔麝。仔麝不起来时就用前蹄轻轻刨，促使仔麝起来吃奶。麝喜互相咬斗，特别是公麝配种期、泌香生理反应期、天气由晴天转为阴雨天或由阴雨天转为晴天及拂晓、黄昏、夜间活动来回奔跑时，喜互相追逐咬斗。圈养麝，到了新环境及遇到陌生的麝后最易引起咬斗。两头强壮的公麝咬斗时，先是互相仰头吹气，震动头部及上唇发出“呋、呋”的威胁声，并沿獠牙向下流出泡沫状唾液，扭动身体向后，相互转圈。若两者都不主动进攻，相持不下时，就各自走开。或两者都猛地前扑，用獠牙钩刺对方，用前蹄按压，直至把对方斗败为止。若强者咬斗弱者时，强者吹气威吓，弱者害怕逃跑时，强者拼命追逐，直至追上弱者，头猛地用力向下用獠牙钩刺弱者，常将其皮肉拉开，严重的可损伤内脏，造成死亡。弱者特别惧怕强者时，不敢跑，伸长颈卧在地上不动，强者用獠牙咬、用前蹄刨掉弱者的被毛，刨烂皮肤，这样咬斗时间长了，也会造成死亡。

成年母麝和幼母麝虽然很少咬斗，但有时圈里放入陌生的麝及进入新的环境，母麝对幼麝有攻击咬斗行为。

母麝产仔及哺乳期，若公麝接近仔麝或吹气威吓时，母麝也进攻公麝。成年麝一般不咬斗仔麝。1岁前的公仔麝很少互相咬斗，但到新环境，有陌生的仔麝放入的情况下，也引起相互咬斗。公麝1岁后喜咬斗。据此特性，群养公麝时，群体不宜大，否则因咬斗奔跑，消耗体力，经常处于紧张状态下，对采食、休息都会带来很大影响。

麝虽具有孤僻、喜斗的习性，但在人工驯化条件下，仔麝断乳后公、母分圈群养，能在一起采食，几只麝卧在一个地方（圈舍内）并互舔额、头、耳等，或2只麝臀部相对互相擦痒。

麝喜凉爽，怕太阳暴晒。冬天虽天气寒冷，但麝总是卧在阴凉处。夏季气温高时或冬季在太阳下停留一些时间（约10 min），麝就吐舌喘气，呼吸频率达100次/min，而正常呼吸频率为每分钟18～19次，并且，从舌上和鼻镜上不断向下滴水。麝惧怕雨淋和冷风吹。遇大雨、大风，则择适宜地方躲避、静待，雨停才外出活动。

麝在活动时间：冬季活动时间短，7—9时和17—21时；夏季活动时间长，5时30分至8时，19时30分至翌日凌晨。夏季，白天活动时间短，夜晚活动时间长。

麝秋末冬初交配，春末夏初产仔，妊娠期六个月左右，双胎较多。母麝喜选坡缓，隐蔽，安静、凉爽的林下产仔。林上为茂密的乔木枝叶所遮蔽。林下生长多种类的草木和灌木植物。湿度较大，光线阴暗。麝窝结构简陋，以自然落叶，枯树枝及麝毛筑巢。

麝易遭狼、豹、黄鼬、金雕、猎犬袭击。一旦遇敌，快速奔跑、爬悬崖，攀斜树是主要避敌方式。林麝上树，呈跳跃式一段一段地往上移动。不能作连续性的攀缘。上树后常选择枝梢处避敌。

家养条件下的生态习性：麝喜凉爽、爱干燥、厌潮湿，较能耐寒。常选择窗台、台阶、活动场较高处卧栖。对新的环境适应性较差，新捕回的野麝，或是由甲圈调往乙圈的个体，表现不安定，到处走动，嗅辨新气味，排便较频繁。稍有惊动即会引起剧烈的狂奔乱跳。

麝有通过语言、声音及接触刺激传递信息的功能，公麝个体有争夺配偶现象，泌香期或天气突变时，公麝极易追逐咬斗。麝善于奔跑跳跃，下坡3 m，上坡1.5 m，平地跳高1.4 m，助跑起跳1.8 m。麝易惊，一头麝受惊在圈舍奔跑会引起整个群体的骚动，狂奔乱跳，可谓避敌信息。强壮个体常口流白沫，颤动双唇，发出“吭哧、吭哧”的抗拒声，弱者见状即逃，这种声音和表现可谓威胁信息。母麝边哺乳边用舌头舔仔麝阴部和肛门处，仔麝很快就排粪排尿，这种接触刺激，是母麝用于呼唤仔麝排便的信息。当仔麝饥饿时，发出“唛唛”的叫声，母麝闻讯即哺乳，可谓仔麝求食语言。

麝的排泄活动具有时间和地点的规律性。在野麝活动的道路上有固定的粪便堆，圈养多在圈舍的角落。夏季多在上午6时左右、下午7时左右、夜间10时或翌日2时；冬、春季在上午7时、下午6时左右，夜间在0时左右。排粪时，先到粪堆处嗅闻，然后，后肢向前移动，弯曲下降臀部，臀毛也向两侧分开，反复蹲下排便3 ~ 5次后，排便结束。便完后，后肢站立不动，前肢交替刨土掩盖。粪球大小随麝的体型、年龄而有差别，成年麝粪球直径一般为5 mm左右，公麝新鲜的粪粒带有些膻、腥气味，而母麝新鲜的粪粒无此气味。据此，辨别母、公麝的粪便堆。在野生状态下，通常一个粪便堆有5 000 ~ 6 000粪粒。

正常情况下，麝每昼夜便尿4 ~ 6次，排尿约500 mL。

二、采食特性

麝属于林栖类草食动物，具泛食性与嫩食性的特征，麝喜食木本植物的鲜枝嫩叶、地面苔藓类，也采食草本植物的心叶和禾本科植物的绿色部分，属于典型的嫩食者（图1–7）。麝可食植物近300种，多以植物的叶、茎、花、果实、种子、苗类、苔藓等为食。在家养情况下供给一些块茎、块根等多汁饲料。胃容量较小，成年麝每昼夜采食鲜饲料量1 kg左右。在人工饲养下，若每天供给蛋白能量饲料（精饲料）100 ~ 150 g时，每昼夜采食鲜饲料量500 ~ 700 g。

图1-7　林麝采食青饲料

采食时边咀嚼边抬起头左右转动，注意周围的动静和听取声响。若稍有什么响动就马上停食，眼睛凝视着响动处。吃食后不久即反刍。成年麝每口平均咀嚼64次，约13 s；半岁左右的幼麝每口咀嚼80～90次，约35 s，每咀嚼1口，吞咽3～5次。

麝的食性随季节的不同而有变化。4—5月食物中叶子和嫩枝芽所占的比重较大；6—7月食物中的花蕾和花的出现率增高；8—9月不仅采食植物的籽实，而且采食凋落的树叶；从10月至翌年2—3月，主要食物是杜鹃、光果小蘖、珠芽蓼、银连花等植物的叶子和细枝。由此证明麝的食物特性与气候条件及植物的生长阶段有密切的关系。表1-1的内容包含了林麝可采食植物的种类。

表1-1　林麝可食植物种类

科	属	植物名	拉丁名	采食部位
柏科	圆柏属	高山柏	*Sabina squamata*	嫩叶
报春花科	珍珠菜属	巴东过路黄	*Lysimachia patungensis*	叶、茎
		大过路黄	*Lysimachia phyllocephala*	叶、茎
		点腺过路黄	*Lysimachia hemsleyana*	叶、茎
		管茎过路黄	*Lysimachia fistulosa*	叶、茎
		金钱草	*Lysimachia christinae*	叶、茎

（续表）

科	属	植物名	拉丁名	采食部位
		聚花过路黄	*Lysimachia congestiflora*	叶、茎
		南川过路黄	*Lysimachia nanchuanensis*	叶、茎
		琴叶过路黄	*Lysimachia ophelioides*	叶、茎
		宜昌过路黄	*Lysimachia henryi*	叶、茎
		长柄过路黄	*Lysimachia esquirolii*	叶、茎
车前科	车前属	车前	*Plantago asiatica*	叶、茎
唇形科	风轮菜属	风轮菜	*Clinopodium chinense*	叶、嫩茎
大戟科	山麻杆属	红背山麻杆	*Alchornea trewioides*	叶、
豆科	车轴草属	白车轴草	*Trifolium repens*	嫩叶
		车轴草	*Trifolium* Linn	叶
		红车轴草	*Trifolium pratense*	叶、茎
	刺槐属	洋槐	*Robinia pseudoacacia*	嫩叶
	葛属	野葛	*Pueraria lobata*	叶
	苜蓿属	苜蓿	*Medicago sativa*	嫩叶
	菜豆科	野豇豆	*Vigna vexillata*	叶、茎
杜仲科	杜仲属	杜仲	*Eucommia ulmoides*	叶
椴树科	椴树属	少脉椴	*Tilia paucicostata*	叶
海桐花科	海桐花属	柄果海桐	*Pittosporum podocarpum*	叶
		波叶海桐	*Pittosporum undulatifolium*	叶
		大叶海桐	*Pittosporum adaphniphylloides*	叶
		短萼海桐	*Pittosporum brevicalyx*	叶
		管花海桐	*Pittosporum tubiflorum*	叶
		木果海桐	*Pittosporum xylocarpum*	叶
		狭叶海桐	*Pittosporum glabratum*	叶
		狭叶海桐	*Pittosporum glabratum*	叶

（续表）

科	属	植物名	拉丁名	采食部位
		崖花海桐	*Pittosporum sahnianum*	叶
		异叶海桐	*Pittosporum heterophyllum*	叶
禾本科	淡竹叶属	淡竹叶	*Lophatherum gracile*	嫩叶
	狗尾草属	狗尾草	*Setaria viridis*	嫩叶
	画眉草属	乱草	*Eragrostis japonica*	叶
	莠竹属	柔枝莠竹	*Microstegium vimineum*	嫩叶尖
胡桃科	枫杨属	华西枫杨	*Pterocarya macroptera*	叶
葫芦科	绞股蓝属	绞股蓝	*Gynostemma pentaphyllum*	叶、嫩茎
虎耳草科	绣球属	拉链绣球	*Hydrangea strigosa*	叶
花八角枫科	花八角枫属	稀花八角枫	*Alangium chinense*	嫩叶、茎尖
桦木科	榛属	藏刺榛	*Corylus ferox*	叶
		华榛	*Corylus chinensis*	叶
	鹅耳枥属	川鄂鹅耳枥	*Carpinus hupeana*	叶
	鹅耳枥属	鹅耳枥	*Carpinus turczaninowii*	叶
	桦木属	亮叶桦	*Betula luminifera*	叶
堇菜科	堇菜属	长萼堇菜	*Viola inconspicua*	嫩叶
		紫花地丁	*Viola philippica*	叶、茎
菊科	蒿属	大籽蒿	*Artemisia sieversiana*	嫩叶、茎尖
		大籽蒿	*Artemisia sieversiana*	嫩叶、茎尖
		黄花蒿	*Artemisia annua*	嫩叶、茎尖
		牡蒿	*Artemisia japonica*	嫩叶、茎尖
		牛尾蒿	*Artemisia dubia*	嫩叶、茎尖
		阴地蒿	*Artemisia sylvatica*	叶、嫩尖
	莴苣属	菊苣	*Cichorium intybus*	叶

（续表）

科	属	植物名	拉丁名	采食部位
		生菜	*Lactuca sativa var. ramosa*	叶
		莴苣	*Lactuca sativa*	叶
		莴笋	*Lactuca sativa*	叶
	苦苣菜属	苣荬菜	*Sonchus brachyotus*	叶、嫩尖
	苦荬菜属	苦荬菜	*Ixeris sonchifolia*	叶
	蒲公英属	蒲公英	*Taraxacum mongolicum*	嫩叶、茎尖
	千里光属	千里光	*Senecio scandens*	嫩叶、茎尖
	鼠麴草属	鼠麴草	*Gnaphalium affine*	叶
	野茼蒿	野茼蒿	*Crassocephalum crepidioides*	叶、嫩尖
	黄鹌菜属	黄鹌菜	*Youngia Japonica*	叶
	白酒草属	小白酒草	*Conyza canadensis*	嫩叶、茎
	飞蓬属	一年蓬	*Erigeron annuus*	嫩叶、茎
壳斗科	栗属	板栗	*Castanea mollissima*	叶、嫩尖
		茅栗	*Castanea seguinii*	叶
	栎属	刺叶高山栎	*Quercus spinosa*	叶
	栎属	锐齿槲栎	*Quercus aliena*	叶
苦木科	苦木属	苦木	*Picrasma quassioides*	叶
兰科	芋兰属	毛唇芋兰	*Nervilia fordii*	叶
藜科	菠菜属	菠菜	*Spinacia oleracea*	嫩叶
	甜菜属	厚皮菜	*Beta vulgaris*	叶
	藜属	小藜	*Chenopodium serotinum*	叶
	何首乌属	何首乌	*Fallopia multiflora*	叶、嫩茎
	蓼属	水蓼	*Polygonum hydropiper*	叶、茎尖
	酸模属	酸模	*Rumex acetosa* Linn	叶

（续表）

科	属	植物名	拉丁名	采食部位
		网果酸模	*Rumex chalepensis*	叶
		皱叶酸模	*Rumex crispus*	叶
	荞麦属	细柄野荞麦	*Fagopyrum gracilipes*	叶、嫩茎
领春木科	领春木属	领春木	*Euptelea pleiosperma*	嫩叶
马鞭草科	马鞭草属	马鞭草	*Verbena officinalis*	叶
马齿苋科	马齿苋属	马齿苋	*Portulaca oleracea*	叶
	土人参属	土人参	*Talinum paniculatum*	嫩叶
马桑科	马桑属	马桑	*Coriaria nepalensis*	叶
毛茛科	毛茛属	毛茛	*Ranunculus japonicus*	叶、嫩茎
	铁线莲属	毛蕊铁线莲	*Clematis lasiandra*	叶、须
木犀科	木犀属	苦枥木	*Fraxinus insularis*	嫩叶
		桂花	*Osmanthus fragrans*	嫩叶、芽
苹科	苹属	苹	*Marsilea* L	叶
葡萄科	蛇葡萄属	蛇葡萄	*Ampelopsis* Michx	嫩叶
	乌蔹莓属	乌蔹莓	*Cayratia japonica*	叶、茎
漆树科	盐肤木属	青麸杨	*Rhus potaninii*	嫩叶
槭树科	槭属	鸡爪槭	*Acer palmatum*	叶
	槭属	青榨槭	*Acer davidii*	叶
	金钱槭属	金钱槭	*Dipteronia sinensis*	叶
蔷薇科	蔷薇属	单瓣白木香	*Rosa banksiae*	叶
	樱属	多毛樱桃	*Cerasus polytricha*	叶、果
		微毛樱桃	*Cerasus clarofolia*	叶、果
		尾叶樱桃	*Cerasus dielsiana*	叶、果
		细齿樱桃	*Cerasus serrula*	叶、果

（续表）

科	属	植物名	拉丁名	采食部位
		毛樱桃	*Cerasus tomentosa*	叶
		崖樱桃	*Cerasus scopulorum*	叶、果
		樱桃	*Cerasus pseudocerasus*	叶、果
	花楸属	湖北花楸	*Sorbus hupehensis*	叶
	火棘属	火棘	*Pyracantha fortuneana*	叶、果
		全缘火棘	*Pyracantha atalantioides*	叶、果
		细圆齿火棘	*Pyracantha crenulata*	叶、果
		窄叶火棘	*Pyracantha angustifolia*	叶、果
	桂樱属	尖叶桂樱	*Laurocerasus undulata*	叶、果
	梅属	李	*Prunus salicina*	叶
	蔷薇属	木香花	*Rosa banksiae*	嫩叶
	委陵菜属	蛇含委陵菜	*Potentilla kleiniana*	叶
	蛇莓属	蛇莓	*Duchesnea indica*	叶
清风藤科	泡花树属	泡花树	*Meliosma cuneifolia*	嫩叶
忍冬科	忍冬属	苦糖果	*Lonicera fragrantissima*	叶
		忍冬	*Lonicera japonica*	叶
		金银花	*Lonicera japonica*	叶、茎、花
	接骨木属	血满草	*Sambucus adnata*	叶
		接骨草	*Herba saururi*	叶、嫩茎
三白草科	蕺菜属	鱼腥草	*Heartleaf Houttuynia*	叶、嫩茎
伞形科	胡萝卜属	胡萝卜	*Daucus carota*	块根
		野胡萝卜	*Daucus carota*	叶、块根
桑科	构属	楮实子	*Broussonetia papyrifera*	叶
		构树	*Broussonetia papyrifera*	叶

（续表）

科	属	植物名	拉丁名	采食部位
	葎草属	葎草	*Humulus scandens*	嫩叶、茎
	桑属	桑	*Morus alba*	叶
山茱萸科	梾木属	光皮梾木	*Swida wilsoniana*	嫩叶
		梾木	*Swida macrophylla*	叶
	山茱萸属	山茱萸	*Cornus officinalis*	叶
商陆科	商陆属	商陆	*Phytolacca acinosa*	叶
十字花科	萝卜属	萝卜	*Raphanus sativus*	叶、块根
	荠属	荠	*Capsella bursa-pastoris*	叶
	芸薹属	小白菜	*Brassica rapa*	叶
石竹科	繁缕	繁缕	*Stellaria media*	叶、茎
鼠李科	勾儿茶属	光枝勾儿茶	*Berchemia polyphylla*	叶
蹄盖蕨科	介蕨属	介蕨	*Dryoathyrium boryanum*	嫩尖
天南星科	半夏属	半夏	*Pinellia ternata*	叶、茎
卫矛科	卫矛属	冬青卫矛	*Euonymus japonicus*	叶
		石枣子	*Euonymus sanguineus*	叶
		疣点卫矛	*Euonymus verrucosoides*	叶
	南蛇藤属	苦皮藤	*Celastrus angulatus*	叶
五加科	五加属	白簕	*Acanthopanax trifoliatus*	叶
		细柱五加	*Dlender Acanthopanax*	叶
	刺楸属	刺楸	*Kalopanax septemlobus*	叶
苋科	苋属	繁穗苋	*Amaranthus paniculatus*	叶
		反枝苋	*Amaranthus retroflexus*	叶
		绿苋	*Alternanther payonychiodes*	叶
	莲子草属	喜旱莲子草	*Alternanthera Philoxeroides*	叶

（续表）

科	属	植物名	拉丁名	采食部位
玄参科	泡桐属	泡桐	*Paulownia catalpifolia*	叶
旋花科	番薯属	番薯	*Ipomoea batatas*	叶、茎、块根
	银背藤属	葛藤	*Argyreia seguinii*	叶、嫩茎
	马蹄金属	小金钱草	*Dichondra repens*	叶、嫩茎
荨麻科	冷水花属	粗齿冷水花	*Pilea sinofasciata*	叶
		大叶冷水花	*Pilea martinii*	叶
		镜面草	*Pilea peperomioides*	叶
		镰叶冷水花	*Pilea cadierei*	叶
		透茎冷水花	*Pilea pumila*	叶、茎
		西南冷水花	*Pilea plataniflora*	叶、茎
		长茎冷水花	*Pilea longicaul*	叶、茎
	糯米团属	糯米草	*Hyrtanandra*	叶、茎
	冷水花属	湿生冷水花	*Pilea aquarum*	叶、茎
	水麻属	水麻	*Debregeasia orientalis*	叶、茎
	苎麻属	苎麻	*Boehmeria nivea*	叶、茎
杨柳科	杨属	白杨树	*Populus alba*	叶
	柳属	垂柳	*Salix babylonica*	叶
榆科	榆属	白榆	*Ulmus pumila*	叶、嫩枝、果
		大果榆	*Ulmus macrocarpa*	叶、嫩枝、果
		多脉榆	*Ulmus castaneifolia*	叶、嫩枝、果
		红果榆	*Ulmus szechuanica*	叶、嫩枝、果
		兴山榆	*Ulmus bergmanniana*	叶、嫩枝、果
		榆树	*Ulmus pumila*	叶、嫩枝、果
樟科	木姜子属	木姜子	*Litsea cubeba*	嫩叶
		四川木姜子	*Litsea moupinensis*	叶

（续表）

科	属	植物名	拉丁名	采食部位
	山胡椒属	三桠乌药	*Lauraceae. obtusiloba*	叶
紫草科	聚合草属	聚合草	*Symphytum officinale*	叶、嫩茎

根据观察和分析，麝取食植物具有下述3个特点。

爱摘啃枝叶：对绝大多数灌木的枝叶均喜食。常常两条前腿爬到灌木枝上去采食。

好嗜苦味：对含有苦味或发涩（含单宁）的植物，如山柳、小檗、杜鹃等，都甚喜食。

喜食花蕾：在夏季凡遇见花苗，如羌活、杜鹃、黄芪、马先蒿、金蜡梅、忍冬、银莲花、千里光、珠芽蓼、蒲公英、克氏红景天、鸢尾等，都大量采食。

麝也喜欢到有盐碱的地方舔食。

第二章

麝场址选择与功能分区

第一节 场址选择

麝场场址的选择是一项重要工作。场址选择将直接影响建场后的生产及科学实验的正常进行。养麝场的场址选择合理与否直接关系到麝场的发展和经营管理的改善，在很大程度上决定麝场的生产成效。麝场布局、麝场的建筑卫生对麝群的健康、生产力的提高、技术措施的实施等均有直接影响。选场不当，给生产上带来很多麻烦，造成非生产性的浪费。场地条件不好，影响麝生长发育，容易发生疾病。交通条件不方便，增加运输上的困难，当地饲料资源不足，不能保证供应，从外地购买饲料，势必提高生产成本。选场既要有长远规划，又要从实际出发，正确选场对发展养麝业有重要的意义。

选择麝场主要应考虑两个方面的条件：自然条件和社会经济条件。自然条件包括气温、雨量、风向、地形地势、土质、水源、植物的分布和生长期等。社会经济条件包括交通、饲料供应、产品运销、防疫卫生、居民区、劳动力来源、与农林业有无矛盾等。

一、地势

一般在海拔800～2 000 m的山区、平原、半山地或盆地边缘阳坡面均可。以半山地、盆地边缘地带较为理想，以不占或尽量少占农耕地为好。

麝场的地形，应当是地势比较平坦，稍有小坡度并略向南或东南倾斜。最好是场址在背风向阳的地方，绝对不能将场址设在风口处，因为在冬季和早春时节，寒风侵袭对麝的健康有影响，易诱发病和引起幼仔死亡。

二、气候

野生麝一般生活在海拔1 000 m以上的山林中，喜在凉爽的地方生活。因此，选场时，气候湿润、凉爽，昼夜温差不大的地区适于养麝。应选择夏季气温较低的地方。虽平原比高山炎热，对养麝不利，如能采取人工措施，在平原地区也可以建养麝场。

三、植被

麝是草食性动物，因此，在选场时应考虑周围的植被情况。选择麝可食的植物种类多、面积和密度相对较大的地区较为适宜。这样可以保证饲料的供应，减少运输，降低饲养成本。此外，对于调节场址周围的小气候大有益处。

四、土质

麝场应选择排水性能良好的沙壤土或壤土地方。养麝场不应建在潮湿的低洼之处，土壤不应是黏土和沙土，防止场内潮湿泥泞，细菌潜伏，传染疾病。场内土壤应干燥、坚硬，便于清扫和进行卫生处理。

五、水源

养麝场要有充足而干净、质量好的水源，以供人、麝饮水、饲养管理等之用。凡无传染病源的自然河流、井水、自来水等均可利用，但沼泽水和池塘水禁用。利用河水时，最好经过过滤，特别是雨季更应注意保持饮水的清洁。建场前，必须对场地的地下水位、自然水源、水质和水量进行必要的勘测和调查。地下水位不应过高或过低，对水质情况要进行化验（化学和微生物学检验）。地下水——井水或泉水，其水量以枯水期能满足需要为标准。不符合饮用标准的井水和泉水，要经过适当处理后，方可使用。

六、饲料条件

饲料是发展养麝业的基础，是选场的主要条件。麝为林栖类反刍动物，麝的主食粗饲料以多元化的树叶为主，麝场建设选择植被丰富的环境有利于麝的养殖及发展。选场时，除考虑野生饲料来源外，还要考虑有足够的饲料种植地，以保证饲料的充足供应。在山区、半山区建场，要有一定麝喜食树叶类植物的种植地面积。

七、交通条件

选择麝场要考虑当地的交通条件较方便，便于饲料、物资的运输，便于科学试验的顺利开展。麝场附近最好有公路。如无公路，必须自建公路。麝场如能选在铁路线附近，更为理想。麝场以距公路不超过1.0 ~ 1.5 km、距铁路1 ~ 2 km为宜。只有较方便的交通条件，才能保证及时供应饲料和其他各种物质。交通情况良好也便于麝的调运和产品的发送。

八、电源

电源是照明、饲料加工、饲养管理、文化生活、科学实验不可缺少的条件。因此，麝场应选在用电较方便的地方。

九、社会经济条件

麝场不应选在工矿区和有公共设施的附近，更不应选在环境复杂、有疫情的地区。各种复杂的环境容易造成麝群的惊扰或传染某些疾病。在选场时，应调查清楚所选场地周围有无疫情、疫情情况如何。如当地疫情较重、流行较广，则不宜建场。

为了加强防疫，麝场与当地居民应保持一定距离，最好在2 ~ 3 km以上。不要在畜牧场附近建场，更不要把场建在被牛、羊传染病污染过的地方。如在原有畜牧场旧址上建麝场时，对疫源情况和发生传染病的可能性要认真考虑。麝不能与牛、羊使用同一放牧地或采草场。在选场时，对当地家畜发生过何种疾病、牧场的污染情况如何、麝场附近城乡畜牧业的现状与发展规划等都要进行详细的调查。

选择麝场场址时，也要适当考虑建筑材料的来源。当地建筑材料方便，就地取材，减少建筑成本。

选场是建场的第一步，是一项比较细致而实际的工作。在建场前，需由有关人员组成调查小组。小组成员可包括植物、林业、测量、气象和养麝（或动物饲养）等方面的人员。调查小组可初步选择若干个地点，根据自然条件、经济条件、交通条件等方面的情况进行比较分析。在此基础上初步确定欲调查的地点。调查资料是建场的依据。调查应审慎进行，深入细致，资料一定精确可靠。

在调查工作中，必须收集拟建场地区的地形图、植被图，收集经济条件、自然条件的历史材料和气象、土壤、水文等资料。在实际调查工作中，详细了解所选地区的植被分布情况，可用线路调查方法，对调查地区的林相及疏密度、树木种类和优势树种的生长情况作详细的考察，并将其结果用绘制剖面图的形式记载下来。调查植被时，主要考虑山场的可利用程度，查明其面积的大小、林木组成、储量和疏密度等。

关于水源情况的调查，可利用当地的地形图上所标河流与水源的分布，与实际情况相核实，并向有关水文、气象部门进一步了解，同时也要访问当地居民。

在调查土壤时，要选择一个具有代表性的地段，取出土样，研究或鉴定土壤的性质。在土壤分析时，要注意了解土壤中病原微生物等情况。所要调查的气象资料，应包括当地的气温、空气湿度、年降水量、雨季、霜期、结冰期等，并到有关气象部门进行详细了解。

根据选场要求，逐项调查完毕后，将所收集的资料汇总、编写成调查报告。在调查报告中，要阐明调查的目的和任务，详细介绍现场调查的全部内容，提出建场的初步方案。建场的规划设计也应附在报告中。建场规划设计大致为：麝场场址的规定、麝场的经营方针、发展规模和远景、麝场各种建筑和布局，以及麝圈设计等（图2-1）。

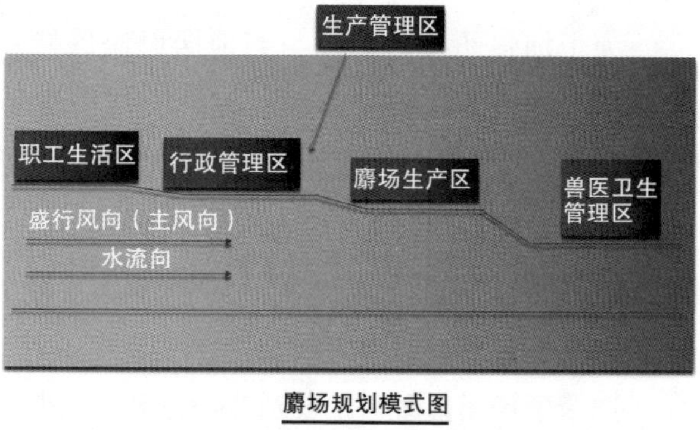

图2-1　养殖场布局

第二节　功能分区

养殖场的功能区划分为管理区、生产辅助区、养殖生产区、污物处置区，是为了便于规范化管理，确保麝有较好的、不受环境影响的繁殖、生长环境，对粪污、污物、麝尸体及组织的处理达到环保需求。

一、管理区

用于行政办公、管理，以及职工生活等后勤服务的功能区域，是一个场对外联系、对内管理的区域。

二、生产辅助区

用于饲料原料储存，包括精饲料原料、多汁饲料批量存放、干树叶的储存地。加工，是将精料原料加工成粉料、颗粒料、多汁饲料选洗和切碎、粉料与切碎的多汁料混合与分发等所需要的环境，辅助养殖生产所需要的前置准备工作区。

三、养殖生产区

是动物驯养、繁殖、生长、检疫等功能的区域。根据养殖麝及其福利待遇需要，分为公麝区、繁育区、育成区、治疗检疫隔离区、养老区。麝的奔跳能力强，需要设置高于3 m的墙（或栅栏）（图2-2），或低墙上覆盖防逃网（图2-3）等措施防止林麝逃逸。

图2-2　圈舍高墙

图2-3　圈舍防逃网

四、污物处置区

按照环保要求，使用沼气池或污水处理设施处理污水；设置粪便堆放发酵池处理粪便；医疗废物（含动物尸体）设置封闭专用医疗垃圾桶暂存，动物尸体及组织冰柜暂存，集中交由有相应资质的无害化处理单位处置，从污物处置区运出。

第三节　主要设施

养麝场的建设，要因地制宜，就地取材，经济实用，以能保障科学实验及生产的顺利进行为原则。

一、圈舍

养麝场的圈舍建筑比较简单。圈舍分为公麝圈、母麝圈、育成圈、产仔圈等。圈舍是养麝的主要生产建筑，其作用是保证麝群冬季防寒防雪、夏季防雨淋和日晒。圈舍的设计和建筑好坏直接影响麝群的生长发育。圈舍设计既要考虑麝的生物学特性，也要本着经济耐用的原则。

（一）圈舍的种类、大小

目前，因养麝场所处地区不同，麝的圈舍建筑形式有所不同。一般可分为舍式和棚式两类。舍式适用于冬、春气候比较冷的地区，能较好地避寒、保暖。产仔期，可防止将刚产的仔麝冻死。冬、春气候不太寒冷的地方，多适用于棚式。棚舍一般是三面有墙，并将其隔成1.5 m左右的小间。隔墙高1.2 m左右。棚舍多用于公麝和幼麝。

每一个区域由不同的圈舍单元组成，分为单圈和大圈（运动场），4～7个单圈与一个大圈组成一组圈舍（图2-4），多组圈舍组成养殖区。单圈是为了满足麝独居习性和生产管理需要而设置的，生产中用于公麝、母麝产仔育幼、仔麝断乳育成期和病麝治疗等饲养的圈舍。大圈为母麝、仔麝群养运动和配种而设置的场所，有充分的运动空间，有利于麝在群养时能得到充分运动，配种时公母麝交配过程有足够的追逐空间。大圈内设置避雨棚，是供麝采食、栖息，以及用于遮挡进入圈舍人员。麝是独居动物，具有划分领地习性，主要体现在公麝上，因此设置公麝圈舍是以单圈为主的圈舍结构，因公麝长期养殖于单圈内，因此公麝的专用单圈面积15 m^2以上。

林麝善奔跑、跳跃，繁殖林麝平均占有圈舍（单圈及运动场）面积需求20 m^2以上，有条件可以扩大。

目前，还有小群圈养和单个笼养两种方式。圈舍建筑根据养麝方式来确定。麝的奔跳能力强，需要设置高于3 m的墙（或栅栏），或低墙上覆盖防逃网等措施防止林麝逃逸。有用砖土结合的围墙，也有用铁丝围起的圈栏。如为砖土围墙，其墙顶需用砖瓦覆盖，并向内伸出30 cm左右，防止麝群外逃。围墙与圈舍距离5 m。

麝的圈舍，最好东西走向，坐北朝南。在圈舍墙的正中、距地面80 cm处设一长、宽均为80 cm的木窗，窗台宽35 cm左右，供麝躺卧之用。各圈舍之间，可用铁丝网、竹栅栏、木板隔开。

如为小群圈养，个别打架的公麝应单独饲养管理。单个笼（箱）养的圈舍规格：笼舍高度2 m，宽2 m，长3 m，门宽60 cm，门高80 cm。

图2-4　单圈大圈组合

（二）圈舍地点

圈舍宜建在背风向阳、地势高燥、排水良好和树木较多之地。若在地势低凹处，常有积水，地面潮湿。圈舍一般以南北或东南走向较好。

（三）排水

圈舍内地面最好设寝床，由后墙根到前屋檐下略有缓坡，最低点比运动场高3～5 cm，防止雨水流入舍内。由寝床至围栏前壁的运动场，地面应有3°～5°的斜坡，以便排出粪、尿、污水，防止积存、逆流或滴入相邻的圈舍。圈舍和运动场的坡度不宜过大。大坡度影响操作和麝群的运动。圈舍内排水可用2种方法：一种是由前墙排水渠道，经走廊排水沟流入蓄粪池；另一种是在运动场内设有坡度较大的水沟，使雨水和尿液经邻圈流入蓄粪池。

（四）运动场

运动场的建筑面积随麝的种类、性别、群别和养麝方式的不同而异。母麝占用面积要适当宽大一些，幼麝身形小，其占用面积要比成年麝小。在运动场内能得到充分的阳光照射，可促进机体的新陈代谢，增进麝的健康。运动场四周筑有围墙。围墙高2.5～3 m，墙头上设向运动场伸出20～25 cm的横檐，以防麝翻墙逃走。每个运动场的大小因麝的头数多少而定。一般每头麝20 m^2左右即可。如喂养5头麝时，运动场面积为90～100 m^2（宽约9 m×长约10 m）。

（五）建筑结构

麝圈的建筑应当经济实用、坚固持久。因地制宜，充分利用当地材料。墙可用土墙、石墙、砖墙，圈舍用土木、石木、砖木结构或砖作窑洞均可。窑洞坚固耐用，冬暖夏凉，适用于海拔低、气温高或冬季特别寒冷的地方。

运动场地面：运动场地面用水泥或三合土铺置，其优点是坚固耐用、便于清扫、消毒等。缺点是：①太光滑，麝跑动时易滑倒，造成跌伤或妊娠母麝流产或早产；②渗水性差，对刚产下的仔麝不利；③夏天太阳照射后，地面吸热，使圈舍温度升高；④造价高，土地面的优点正与水泥、三合土相反。因此，用砖铺置地面，可克服前两者的不足，比较理想。东北地区各麝场多采用砖铺地面，南方养麝则用水泥结构的地面。

围墙：在麝舍四周要有比较坚固的围墙。围墙高2.5～3.0 m，墙头上伸出25～40 cm的横檐。有条件的地区，可用预制的水泥板、水泥柱修建运动场围墙。

墙壁：圈舍墙壁的基底，根据不同的土质情况，深为1.6～1.8 m，宽为0.6 m，基石高30 cm，砖墙厚度可在37～40 cm，后墙留窗，便于通风。

（六）其他建筑项目

其他建筑项目包括饲料室、兽医室、办公室及生活用房等。

（七）建筑物的排列

建筑物的排列要整齐、方便工作，特别是圈舍、饲料室、兽医治疗室的排列要便于工作人员的工作。圈舍的排列要考虑每个饲养员管理任务。一般多为双列式或单列式。

（八）光线和通风

光线和通风要充足，最好要有阳光直接照射，有利于杀灭病菌及保持地面干燥。但是，麝怕热，怕太阳晒，所以，要在运动场栽种一些树，以便夏季乘凉。圈舍要夏季通风良好，空气清新，冬季又能遮风保暖；否则，圈舍湿度过大，麝易生病。麝忌穿堂风（贼风），特别是麝在阴雨天产仔时，因气温低，仔麝身体不能马上干燥，穿堂风极易导致仔麝感冒死亡。

二、饲料加工调制室

饲料加工调制室，包括精料加工粉碎室和饲料调制室两部分。饲料加工粉碎室应设在精料库和调制室之间。饲料调制室要求保温条件好，室内修成水泥地面或铺地砖，以保持清洁卫生，便于清扫。饲料调制室内的主要设备有：料箱、泡料槽、切菜机、电压锅、水箱、青饲料冻库或保鲜柜等、饲养人员休息室等。

三、精料库

储存精料的仓库要干燥、通风、防鼠。仓库内部设有存放豆饼和各种谷物的仓库，其容积以贮备全麝群6个月用的精料为宜。

四、粗饲料库

粗饲料库主要用于储存干枝叶、干青树叶等。粗料库应建在地势高燥的地方。在使用前，地面要垫高夯实，上坡需修排水沟。粗饲料库密封性好，严防漏雨。

第三章

林麝的营养需要与饲料

第一节　营养需求

林麝营养需要的核心是保证日粮中的能量、粗纤维、粗蛋白质、钙、磷等的平衡。常用精饲料配方的营养成分：粗蛋白质含量16%～18%，消化能：11.30～12.56 MJ/kg，Ca：P为1.5：1。不同生理时期的林麝日粮值见表3-1。

表3-1　不同生理时期的林麝日粮

分类	精饲料（g）	粗饲料		多汁饲料（g）
		粗干饲料（g）	鲜粗饲料（g）	
公麝	100～125	100～150	1 000～1 500	400～500
母麝	100～125	100～150	1 000～1 500	400～500
哺乳母麝	125～150	100～150	1 000～1 500	500～600
仔麝	40～80	40～60	500～800	250～300
育成麝	80～100	80～100	800～1 000	300～500

注：表中的粗干饲料和鲜粗饲料的数量是单一投喂时的参考量，两者都投喂时，根据采食量增减。

林麝日粮数据来源，是通过一定的科学研究和长期的生产实践经验的总结。林麝的日粮中，精饲料、多汁饲料是限制性供给，树叶类粗饲料（干、鲜）为自由采食。

食物多样性与嫩食性保证了麝的营养和能量需求，圈养麝每天每头能量摄入量3 808.7～4 212.3 kJ。在林麝基础日粮干物质、粗蛋白质、粗脂肪、糖类、矿物质和能量六项指标中，蛋白质的表观消化率最高，矿物质的最低。秋季林麝蛋白质需求量、能量需求量和表观消化率最高，这可能与秋季林麝换毛和育肥需要大量的营养与能量供给有关。冬季因低气温消耗过多体能而维持体温的恒定，对能量需求量也比较大。具体可分为以下营养需求：

一、水的需求

水是生命之源，是动物身体的主要组成成分，也是生命最重要的营养元素，参与所有重要的生理机能运作。麝与其他动物一样，维持正常生理机能活动及体内营养物质的消化、吸收、运输和废物的排泄等都离不开水。一定要保证充足清洁的饮水，在夏季，保证麝的清洁饮水尤其重要。

二、能量的需求

麝进行正常的生命与生产活动需要消耗能量，饲料中三大有机物（碳水化合物、脂肪和蛋白质）是麝的能量来源，而碳水化合物是麝的主要能量来源。碳水化合物广泛存在于植物性饲料中。在营养需求指标中，麝需要能量较多。饲料中的总能（GE）进入麝的体内后，可分为消化能（DE）、代谢能（ME）和净能（NE）3个阶段，林麝所需的能量一般用消化能或代谢能表示。

三、蛋白质的需求

蛋白质是饲料中含氮物质的总称。根据蛋白质的来源，可分为植物性蛋白质和动物性蛋白质两类。植物性蛋白质主要来源于豆科籽实和饼粕之中，其次在禾本科谷类、豆科牧草中含量也较丰富。动物性蛋白质存在于动物性饲料中，如鱼粉、血粉和蚕蛹粉等。蛋白质是构成麝身体各种组织，如肌肉、血液、脏器、皮毛的主要成分，又是修补组织、维持生命不可缺少的营养物质。蛋白质与碳水化合物和脂肪比较，具有特殊的作用，是限制生产能力和饲料利用率的重要因素。

四、矿物质的需求

矿物质是机体的重要组成物质之一，是保证麝的健康和维持正常生理机能不可缺少的物质。根据含量一般将矿物元素分为常量元素和微量元素。

大多数矿物元素靠饲料和饲草就能满足麝的需要，但有些矿物质如钙、磷、钠、氯等常量元素和铁、铜、硒、碘等微量元素还得通过矿物质饲料适当补充。

五、维生素的需求

麝对维生素的需求量很小，但它是维持麝身体正常机能、生长发育和繁殖等所必需的营养物质。但要特别注意补充适量的维生素A、维生素D和维生素E。

在不同生理阶段，麝对营养的需求各不相同，尤其在公麝泌香前期、配种前期，以及母麝妊娠、哺乳期一定要适当增加蛋白质、能量水平等。西南民族大学的程世国、邹真慧教授对林麝的营养需要进行了较为系统的研究，并制定了林麝不同生理时期和生长发育阶段的营养需要量，可供参考，详见附录1。

由于麝的特性，有关此方面许多基础研究还需要进一步开展，提出的日粮投喂量，因地区不同，供给主食粗纤维饲料品种不同，以及与多汁饲料搭配差异有所不同。

第二节 饲料种类

一、饲料分类

对于人工养麝来说，种麝是核心，饲料是基础，饲养管理是条件。在养殖条件下，麝的活动、繁殖、生长发育、麝香分泌等生命过程中的必需营养物质，需从饲料中获得。在野生条件下，麝为了本身的生存，需不断地从外界摄食必要的各种物质，营养较易得到满足。在养殖条件下，饲料是麝生活的最重要的条件，如果饲料供给不足，或营养不全，麝的营养需求就达不到满足，就不能正常地生存，直接影响麝的生长发育、繁殖、产香量等。

由于在人为条件下生活，麝已失去了野外生存的条件，完全变为依赖人而生活，没有任何选择的余地。因此必须根据麝的生物学特性，保证其营养物质的供给，并合理调配各个时期所必需的饲料。如果某一个时期的饲料供应不足或调配不当，就会影响麝的生命过程。麝所能利用的饲料是多种多样的，分类方法大体上有3种：

（一）根据性质分类

根据饲料的物理性质、化学组成、可消化性、总营养价值及维生素含量的不同，可以把它分为蛋白质饲料、淀粉性饲料、纤维素性饲料、脂肪性饲料、多汁性饲料、无机物饲料、维生素饲料以及特种饲料等。按照饲料的主要成分分类的优点是，对养麝生产实践中的配合日粮工作非常便利。对于各种饲料的主要营养成分有了普遍的认识以后，在配合日粮时可以减少反复试配及调整矫正的次数。

（二）根据来源分类

附带考虑它的物理、化学特性和消化率，把饲料可分为植物性饲料、动物性饲料、矿物性饲料及其他（特种）饲料等四大类别。

1. 植物性饲料

（1）青绿多汁类饲料。

蔬菜类：莴笋、甘薯叶、油麦菜、胡萝卜叶、大白菜、小白菜、空心菜、菠菜、莲花白等。该类饲料来源广、数量大、品种多，是重要的饲料资源。

野草、野菜类：千里光、铁苋菜、水麻菜、马兰、车前草、蒲公英、鱼腥草、金银花、夏枯草、灰灰菜、奶浆草、枸杞、金银忍冬、黄连、野葡萄叶、何首乌叶、苣荬菜、苣苣菜等。这些优质饲草中大部分兼具药用和营养两重功效。

栽培牧草：菊苣、聚合草、苦麻菜、白三叶草、紫花苜蓿、爬山豆叶、串叶松香草、三叶草等。

（2）树叶类饲料。家种或野樱桃叶、桑叶、李子叶、构树叶、榆树叶、桃树叶、梅子叶、三角枫叶、杏叶、小叶木通叶、大叶木通叶、青皮藤叶、槐树叶、榆树叶、柳树叶、白杨树叶及部分蔷薇科叶子等。

（3）块根、块茎、瓜果类饲料。红薯、胡萝卜、红萝卜、白萝卜、洋萝卜、南瓜、西葫芦、黄瓜、白瓜、笋瓜、苹果、梨、猕猴桃和饲用甜菜等。

（4）豆科籽实及饼粕类饲料。主要有黄豆、绿豆、蚕豆、豌豆、刀豆、大豆、豆饼、豆粕和菜籽饼等。

（5）谷实类及加工副产品饲料。主要有玉米、小麦、大麦、青稞、稻谷、麦麸、次粉、米糠或脱脂米糠等。

2. 动物性饲料

鱼粉、血粉、肉骨粉、蚕蛹和奶粉等。

3. 矿物质饲料

主要有食盐、贝壳粉、碳酸钙、磷酸氢钙、磷酸二氢钙和骨粉等。

4. 添加剂

主要有微量元素、维生素和抗生素添加剂预混料以及尿素、单细胞蛋白质等。

（三）根据营养价值分类

可分为粗饲料和精饲料。

在一般饲养当中，常用的是第2种分类法，即把饲料分为植物性、动物性、矿物性及添加剂饲料四大类。

养麝生产中可利用的饲料种类很多，但其主要来源是植物性饲料，根据我国常用的一些麝饲料及特点，圈养麝的饲料大致可分为粗饲料、精饲料、矿物质饲料三大类。在粗饲料中又可分为干粗饲料和青绿多汁饲料。饲料的分类既要有其科学性，又要有实用价值，并考虑养麝业的习惯。

粗饲料和精饲料的主要区别在于：粗饲料的容积大，纤维素含量多，营养物质含量低，所含的粗纤维约在18%以上。粗饲料水分较多，约在40%

以上。精饲料的容积小，纤维质含量少，营养物质多，所含粗纤维不超过18%。精饲料所含水分较少，一般不超过40%。

二、养麝业饲料的利用

养麝业的饲料问题，还有待于进行深入的研究。饲料的营养价值应理解为食物中能满足麝所要求的饲料性质。根据目前养麝业的情况，所利用的种类很多。

（一）粗饲料

1. 枝叶饲料

枝叶饲料是养麝业常用的、价值很大的饲料，是各季粗饲料的主要来源。麝的消化器官很发达，对枝叶饲料的消化能力很强。枝叶饲料虽然体积大、纤维较多，却是麝在生理上所必需的。树叶和嫩枝不仅在保证麝的饲料容积上具有相当重要的作用，而且其所含的营养成分也是比较丰富的，是不能完全用精料所代替的。在枝叶饲料中，木质化程度小的柔嫩小枝，其营养价值较高，尤其是叶的营养成分更为丰富。树叶中含有强健肌体、使之免遭某些疾病危害的物质。枝叶饲料除具有饲用价值、产生能量外，还起平衡营养作用。枝叶饲料中均含有不同程度的胡萝卜素、维生素和微量元素。动物对某种物质缺乏和不足会导致不良后果，喂给枝叶饲料可达到营养平衡的目的。每1 000 g树叶含250 mg胡萝卜素、1 200 mg钙、320 mg铁，树叶中还含有铜、锌、钴、磷、锰和其他一些微量元素以及维生素等。这些物质都是麝所必需的营养物质。枝叶饲料的粗蛋白含量，幼叶比老叶含量高；干物质中粗蛋白含量以6月上旬时最多，约36%，7月以后逐渐降低，至11月上旬降至12%。在养麝业上，常用的枝叶饲料有榆枝叶、樱桃叶、李树叶、槐树叶、构树叶、柳枝叶、胡枝叶等，杨树、桦树等树叶也是良好的饲料。这些树种幼叶的干物质中含有15%～20%的粗蛋白。

麝四季都喜欢采食的植物有：苦蒿、牛耳大黄、喜旱莲子草、青茅、透茎冷水花、血满草等地面植物，也喜欢采食樱桃、榆树的树叶。有些植物到冬季已经枯萎，所以不采食。春季（3—5月）大部分植物开始发芽生长，动物喜欢采食大部分可食植物，尤喜采食红花三叶草、喜旱莲子草、牛耳大黄、樱桃叶、血满草、青茅等植物的嫩尖部分；夏季（6—9月）植物达到最丰盛的程度，可供采食的种类也最多，所以动物往往每种植物采食少量，换换口味，但对红花三叶草、牛耳大黄、喜旱莲子草、樱桃叶、榆树叶、透茎冷水花、血满草、苦蒿等植物的较嫩部分尤喜采食；秋季（9—11月）有些植物开始枯萎，动物很少去采食，主要采食苦蒿、牛耳大黄、红花三叶草、喜旱莲子草、青茅、透茎冷水花、血满草、苦蒿等植物的较嫩部分；冬季（12月至翌年2月）大部分植物已经枯萎，动物不采食，只采食少数种类如红花三叶草、牛耳大黄、青茅、透茎冷水花、血满草等的较嫩部分。

各种果树叶具有芳香味，可利用的营养物质也十分丰富。秋季的葡萄干叶中含有40%的可消化蛋白。有的树叶还含有大量鞣酸。枝叶饲料的营养价值，由于季节的不同而有差异。夏、秋之际，其营养物质较丰富而完善，粗蛋白的含量一般春季高、秋季渐低，粗脂肪和粗纤维的含量则相反，无氮浸出物的变化不显著，单宁的含量与季节变化和木质化程度有关。各种树叶的营养成分见表3-2。

表3-2　各种树叶的营养成分（干物质）　（%）

树种	粗蛋白	粗脂肪	无氮浸出物	粗纤维	粗灰分
桦树	10.3	9.0	55.7	20.1	4.9
榆树	26.3	2.9	44.9	16.6	9.3
柳树	12.0	4.0	50.8	22.9	10.3
桑树	14.6	5.4	52.6	13.0	14.4
赤树	21.6	6.1	52.2	13.9	6.2
白杨	10.7	5.2	52.6	25.7	5.8
刺槐	29.7	4.9	43.3	15.3	6.8
枫树	15.2	4.6	52.8	19.9	7.5
山毛	10.4	3.0	52.3	28.9	5.4

（续表）

树种	粗蛋白	粗脂肪	无氮浸出物	粗纤维	粗灰分
榛树	17.8	4.9	51.2	17.1	9.0
胡枝树	18.6	8.7	37.8	30.2	4.7

一般的枝叶饲料多在夏、秋季节进行采集和加工。通常是连嫩枝带叶一起在良好的天气采集。采下的枝叶阴干，经4～5 d后放到通风良好、不受日光直射和防雨的地方，进一步阴干。天气良好时，经6～8 d后即可晾干。采集的枝叶不宜暴晒，以免叶子脱落而影响饲料质量。干燥不充分的枝叶不易保存，易腐烂、霉变。

2. 青干草

青干草是在未结籽实以前收割的青草，经晒干后供麝群食用的饲料。青干草可分为两大类：天然草地干草和人工栽培的牧草晒制的青干草。青干草的营养价值比较高，其所含的粗蛋白、胡萝卜素及其他种类维生素及矿物质较丰富。野干草的品质和收获量主要决定于植物种类、土质和气候，在很大程度上，也受到采收期的影响。例如，9月收割的野干草比在6月收割的数量多，但秋后收割的野干草品质较差，可消化蛋白的含量较低。由于山地干草和沼泽干草的种类繁多，组成成分复杂，一般均称为山地干草。其中，包括大量的豆科、菊科等阔叶草本植物，例如苦荬菜、蒲公英等。

饲用野干草时要预防饲料中毒。野草的有毒成分主要为生物碱、配糖体和酮类等。在收贮野干草时应注意检查。

冬季和初春，大部分植物已经枯萎落叶，仅有少数常绿植物的叶可供麝吃。因此，麝很少能获得充足的青绿饲料，而以干饲料为主。但干饲料适口性差，且因冬季气候寒冷，热能较大，麝的膘情差，不如有丰富的青绿饲料的夏、秋季好。所以，要保证麝的安全越冬，除供给一定量的青饲料及多汁饲料之外，还要储备足够的干草。

干草的加工与保存：夏、秋季是树木、牧草生长茂盛的季节，在此期间可将青绿植物的叶等采摘、晒干并贮存，冬、春季作为较好的补充饲料。

在夏、秋季晴朗的天气进行晒制，养分的损失较少，也不易霉烂。采摘的鲜叶不宜堆放和长时间装在麻袋里，以免发热变质。晒制时，要充分翻动，使水分快速蒸发，干燥均匀。晒制的饲草，要放在干燥、阴凉、通风、清洁卫生的地方，以免雨淋、日晒，降低营养价值。平时，应注意翻动，防止受潮发霉。

3. 青饲料

青绿植物的叶、茎、花等是麝喜食的主要饲料。青饲料的特点是幼嫩、柔软、多汁，水分一般达60%~80%，营养价值高，容易消化，消化率可达71%~85%。由于鲜嫩、多汁、味美，适口性强、容易消化吸收、利用方便且经济。因此，在植物生长茂盛季节能保证麝的青绿饲料的供给。主要的青绿饲料有：野青草、青刈大豆、青刈玉米等。牧草是矿物质的良好来源，并含有麝所必需的一些维生素。在冬、春青饲草贫乏季节，一方面可采摘麝喜食的常绿植物的叶，另一方面可将贮存的其他植物叶、茎，如甘蓝、白菜、萝卜和马铃薯等作物为饲料。

原野草类有与牧草或青刈相似的营养价值。每100 kg干草的饲料营养价可达5个饲料单位，可消化蛋白的含量可达2%~5%。胡枝子与草藤等豆科植物有着不劣于栽培牧草的营养价值，可消化蛋白质约为6%。

4. 多汁饲料

此类饲料产量高，细嫩多汁，营养丰富，纤维素含量低，容易消化，适口性强，是很好的越冬饲料，应大量地栽培利用。

养麝用的多汁饲料是指根茎类和瓜菜类等珍贵的调养性饲料。其突出的特点是含水量高（70%~90%）、纤维素含量少，属于生理碱性饲料，具有促进胃肠蠕动，增加消化液分泌和提高消化率的作用。实践证明，日粮中加入适量的多汁饲料，可提高消化率11.45%~14.70%。其次，含无氮浸出物特别高，按干物质计算占62%~87.80%，是碳水化合物的良好来源。再次，粗蛋白含量低，蛋白质的生物学价值高，含有较多的赖氨酸和色氨酸。另外，多汁饲料含有丰富的胡萝卜素、维生素，矿物质含量较低。

养麝业中经常利用多汁饲料，例如胡萝卜、萝卜、甜菜、南瓜、菠菜、白菜等。

（1）胡萝卜：可供饲用的胡萝卜包括食用胡萝卜和饲料胡萝卜。胡萝卜是一种营养价值较高的饲料作物，是养麝场秋季、冬季和春季的良好维生素补充饲料。根据化学分析资料，胡萝卜含水分81%～92%、粗蛋白1.2%～3.0%、淀粉和糖类8%～14%、可消化总养分8%～13%，蛋白含量比其他块根饲料多。胡萝卜中的胡萝卜素、维生素（如B族维生素）含量高。公、母麝在配种期喂一些胡萝卜，有利于促进发情和提高繁殖力。

胡萝卜要生喂，不可熟喂。熟喂会破坏维生素C、维生素E，降低营养价值。用其喂麝时，应先洗净，切碎喂给。新鲜胡萝卜叶质地细软，适口性强，也可以饲用。胡萝卜的产量很高，在良好管理条件下，胡萝卜的产量可达40 t/hm^2。各麝场可利用饲料地种植一定面积的胡萝卜，作为养麝生产的补充饲料。

（2）甜菜：甜菜可分糖甜菜和饲料甜菜。其品质较好，容易栽培，饲用方便，耐贮性强。甜菜是一种高产饲料作物。根据化学成分分析，饲料甜菜中含水分88.0%、粗蛋白为1.2%、无氮浸出物为8.7%、可消化总养分为8.4%。甜菜也是养麝的一种良好多汁饲料，用时应洗净切成小块生喂。

（3）南瓜：南瓜是一种优质多汁饲料，其营养价值较高。成熟南瓜的干物质含量为8%～19%，其中粗蛋白2%～4%、糖分8%～13%、淀粉10%～15%，并含有维生素A。南瓜的适口性强，麝很喜欢吃，可作为配种期的补充饲料。

（二）精饲料

精饲料，简称精料，主要包括农作物籽实和粮油加工副产品。精饲料营养丰富、适口性强、消化率高，含有促进分泌麝香、妊娠、泌乳和生长发育等不可缺少的营养成分。仅将几种主要精料简介如下：

1. 大豆

大豆是富含蛋白质和脂肪营养价值较高的优质饲料。大豆一般煮熟饲喂：①将大豆直接浸泡于开水或冷水里，使其变软；②把大豆蒸、煮熟制，混合入青饲料与精饲料；③将熟制大豆粉碎成粉料后，适量加入青粗料或多汁饲料。大豆的喂量要适当，不可过多，因为生大豆含有抗胰蛋白酶等有害物，过量饲喂生大豆，也会造成疾病。大豆经蒸煮后可除去有害物质，饲喂更为安全。

2. 玉米

玉米产量很高，可产籽实3 000 ~ 5 000 kg/hm^2，高产时可达5 000 kg/hm^2。每100 kg玉米籽实折合135个饲料单位，大大超过高粱、大麦和稻谷。玉米营养价值较高，黄玉米含胡萝卜素丰富，是良好的饲料。饲喂时，将玉米磨成粉，与大豆粉、麦麸按比例混合后，加适量的水直接拌在多汁饲料或青绿饲料中，或与大豆、麦麸等混在一起蒸煮熟后饲喂。喂生玉米粉时，量要适当，防止消化不良，造成疾病。要经常注意检查，防止发霉。发霉的玉米或玉米粉不能饲喂，以防中毒。

3. 绿豆

绿豆含粗蛋白较多，易于消化，且清热解毒。喂饲时，也要将其泡软与大豆混在一起饲喂，或磨成粉与大豆粉、麦麸等混合，加适量水拌在多汁饲料、青绿饲料中饲喂。

4. 麦麸

麦麸是制粉厂的主要副产品。麦麸含磷量丰富，含磷1.29%、钙0.14%、蛋白质16.9%、脂肪4.6%、纤维素10%以上。麦麸是麝喜食的一种饲料。麦麸质地疏松并带有轻泻作用。在母麝分娩前和夏季饲喂，是有好处的。但饲喂量不可过多，以免引起消化不良。

5. 豆饼

豆饼是榨油工业的副产品，是养麝的主要精饲料。豆饼是营养丰富的蛋白质饲料，粗纤维含量较低，消化率较高。豆饼的干物质中，含有45%左右的蛋白质和多种必需氨基酸。豆饼中还含有一定的磷。

（三）矿物质饲料

矿物质饲料对麝的生长发育及健康是不可缺少的物质。虽然，日粮具备了营养物质，如蛋白质、碳水化合物（糖）等，但是长期缺乏矿物质，会严重影响麝的健康、生长发育和繁殖，不但使生产能力大大降低，而且会造成疾病的发生，严重的甚至导致动物死亡。所以，必须经常补给矿物质。

1. 食盐

食盐的主要成分是氯和钠。氯和钠是保持渗透压和酸碱平衡的物质，对于组织中水分的输出和输入起重要作用。麝喜舔食食盐，缺乏时，会影响机体健康；同时，对饲料中的脂肪、蛋白质、淀粉的利用率降低，食欲减退，易引起异食癖。但供给的食盐过量，会导致食盐中毒。

2. 钙和磷

钙和磷是构成骨骼的重要成分。钙亦是血液凝固所必需的元素。凡钙、磷缺乏或两者的比例不适合时，幼麝患佝偻病；成年麝则患骨质软化病。所以，妊娠和哺乳期的母麝，生长期的幼麝，钙和磷应按1.5：1或2：1的比例喂给，以满足机体本身的需要。现有的矿物质饲料有骨粉、蛋壳粉、贝壳粉及合成矿物质饲料等。

3. 其他矿物质（微量元素）

麝生长、生殖及正常的新陈代谢需要一定量的微量元素。它能提高麝的生产力，并能促进正常的新陈代谢。微量元素对麝的饲养有着重要意义，应经常供给。麝每天可供给铁0.012～0.02 g、铜0.009～0.015 g、镁0.004 8～0.008 g、碘0.002 4～0.004 g、锌0.006 6～0.011 g、硼0.000 8～0.001 4 g、锰0.008 4～0.014 g、钴0.001 5～0.002 5 g。一般采用家畜微量矿物质添加剂的制成品。饲喂时，均匀拌于精料中喂给。配料的温度以不超过50℃为宜。

（四）动物性饲料

动物性饲料是一种营养价值最高的饲料，对麝的生殖、泌乳和生长发育都有很大作用。目前，常用的有蛋黄粉、羊奶、炼乳、奶粉、鱼肝油等。

第三节 饲料加工

无论何种饲料都应要求无霉烂变质、干净无毒。树叶类饲料可采鲜嫩树叶直接饲喂，也可配制成干树叶储存全年使用。谷物籽实、饼类饲料、动物性饲料、矿物质饲料和添加剂要先制成粉状，按比例混合均匀成配合饲料备用；黄豆及副产品应熟制。青绿饲料宜现采现喂，叶形青绿饲料可直接饲喂，也可同块根、块茎、瓜类饲料一起切碎后拌入配合饲料饲喂。

为提高饲料的利用率，改善饲料的适口性，提高麝的食欲和饲料的营养价值，圈养麝的饲料加工主要分为精料、多汁饲料和粗饲料加工。

一、精饲料加工

精饲料加工包括原料配制、粉碎、混合、制粒或调制（与多汁饲料）等过程。林麝精饲料加工中，饲料机械的清洁是重要环节，用前清洁，避免被残存霉变饲料污染。用后清洁机械，保证机械内没有残余饲料，以免因霉变影响下一次的加工。饲料原料质量把关很重要，杜绝霉烂变质、受到污染的饲料原料进入。

在加工的过程中，首先需要确定加工的精饲料的质量，按照配方比例，称取精饲料原料，共同进入粉碎机粉碎，再用搅拌机搅拌混合，包装备用。粉碎机筛在40～60目，搅拌机混合搅拌6～8 min。取上述加工好的粉制精饲料，加入一定比例粉碎的，麝常食用品种的干树叶、苜蓿颗粒，加水8%～10%，混匀，用挤压式颗粒饲料机制成直径0.3 cm，长约1.0 cm的颗粒，再在60℃条件下烘干2 h，冷却、包装备用。

二、多汁饲料加工

多汁饲料的加工包括采收、运输、储存、挑选、清洗、晾干、切碎等过程。其中多汁饲料的采收要严控农药污染，在农药残留期过后采集，无病虫害的污染和霉烂变质；在采集运输时，避免严重挤压、踩踏损坏，以保证饲料质量。多汁饲料的储存应注意储存环境避雨、通风、避免直晒，冬季防冻；储存的饲料优选，无损伤；堆放不能太厚、不能踩踏。加工多汁饲料，重在第一步的挑选去杂、清洗。多汁饲料的切碎，叶类、切薄片的块根果实类，大小为1 ~ 5 cm^2。切成颗粒状的块根果实类，大小为0.1 ~ 1.0 cm^3。混入精料，混合饲喂（图3-1）。

图3-1 林麝精料+青饲料混合

三、粗饲料加工

主要是将鲜粗饲料晒制成粗干饲料的过程，为冬季提供粗饲料。

冬季、春初大部分植物已枯萎落叶，仅有少数常绿植物叶可供麝吃，因此供给青绿饲料很困难，而以饲喂干饲料为主。但干饲料较青绿、多汁饲料适口性差，同时因冬季气候寒冷热能消耗较大，麝的膘情不如夏、秋季好。要保证麝安全越冬的营养需要，除供给一定量的青绿及多汁饲料外，还要贮备足够的干草，以保证冬、春季饲料的供给。

干草的加工与贮藏：夏、秋季是树木、牧草生长茂盛季节，这期间可将青绿植物叶等采摘下来制成干饲料，贮到冬、春季喂麝，是较好的补充饲料。在夏、秋季天气晴朗时晒制，养分的损失较小，也不致霉烂。采摘的鲜叶、鲜枝茎不能压实堆放和长时间装在袋里，以防发热变质。晒制时要充分翻动，让水分很快蒸发，干燥均匀。干燥好的饲草，要放在干燥、通风、清洁卫生、有棚舍遮盖的地方，以免雨淋日晒，降低质量。平时也应注意检查、翻动以防受潮发霉。此类饲料产量高、细嫩多汁、营养丰富、纤维细、易消化、适口性强，是麝一年四季的优质饲料，可大量储备。

第四节　饮用水

场区水质应符合《生活饮用水卫生标准》（GB 5749—2022）。对于市政工程生活饮用水的供应，其水质是达标的，但要注意的是用水过程，长期关闭需要空放一下，水龙头不能生锈，水管使用符合饮用水标准的水管。特别容易出现问题的是水龙头以外的软水管的质量问题，不能用带有异味的劣质水管。

第四章

麝的饲养管理

第一节 日常管理

良好饲养管理具备发病率低、死亡率低、生产力高的显著特征。在养麝生产进程中，针对不同麝群不同生产时期，饲养管理技术要有统一的要求与规定，此为一般性饲养管理措施。

一、体系构建

麝场只有构建起完整的饲养管理制度，并严格依循饲养操作规程开展工作，才能保障养麝生产计划得以顺利施行。

二、实施分群、分圈饲养策略

不同特性的麝混于同一群体饲养，会彼此产生影响。倘若强弱不同的麝混养一处，通常会出现大欺小、强凌弱的情形。弱小的麝因惧怕强麝追咬，始终处于紧张态势，频繁在圈舍内来回奔走，致使采食受阻，亦无法寻找到舒适的地方休憩，长此以往，弱者愈发衰弱乃至死亡。因此，务必要依据性别、年龄、健康状况、性情等方面的特质实施分群分圈饲养。

三、结合实际，合理地搭配饲料

为充分发挥麝的生产性能，饲料搭配必须科学合理，应避免随意投喂或投喂量不稳定等不科学的做法。饲养标准的制定基于麝的饲养试验与实际饲养经验总结，同时需综合考量麝的健康状况、营养需求特点、养殖场饲料来源、种类、贮备量、质量、管理等因素，否则易与生产实际脱节。麝在不同生长时期营养需求各异，公麝于配种期与泌香盛期，养分消耗高于其他时期；母麝在妊娠及哺乳期的养分需求亦显著增加。因此，饲养过程中需及时调整饲料搭配与投喂量，以达理想效果。合理饲养旨在确保麝正常生长发育、繁殖及泌香的前提下，实现成本最低化。片面认为增加精料投喂可提升麝的健壮程度与生产力是不准确的。事实上，优质且适口性佳的粗饲料利于麝消化并促进食欲。增加优质粗饲料投喂量，既能满足营养需求，又可充分利用饲料资源，减少粮食消耗，降低饲养成本。配合日粮时，一般遵循以下原则：

首先，依据麝的生物学特性选定饲料，确保所选饲料易于被麝采食与消化。优先选择适口性良好的饲料，对于适口性差的饲料，应减少投喂或避免食用。

其次，各类饲料投喂量应适宜。根据麝的生长发育进程及不同阶段特点确定饲料用量，充分满足其营养需求。增加青绿多汁饲料使用比例，使日粮组成多样化，以实现营养物质的全面供给。

最后，配合饲料应以当地青绿多汁饲料为主体，适量搭配干粗饲料，优先选用本地产量丰富、来源稳定且经济价值相对较低的饲料资源。

四、麝饲养过程中的饲喂规范

在麝的饲养环节，粗饲料与精料的配合要适当，而且饲喂量、时间、频次、饲料投喂顺序以及给水时间等方面亦需遵循严格规定。具体要点如下：

（一）精准把控饲喂时间

严格遵守喂饲时间每天准时饲喂，这样能使麝形成良好的食物条件反射。喂饲前，麝在圈门口等候，人进入圈内，麝便跟人走，或爬到人身上要食物。这使麝在喂料前开始分泌消化液，提高了消化率。同时，也利于观察和驯化。喂饲迟、早不定，扰乱消化腺机能的活动。早喂则食欲不振，消化液分泌不旺盛；迟喂则由于过于饥饿，一次摄食过多而形成瘤胃积食，瘤胃臌胀等病。由此可见，严守饲喂时间具有极为重要的意义。

饲喂次数与时间需依据麝群状况以及季节的变化灵活调整，且应确保饲喂间隔时间大致相同。

（二）精确控制喂饲量

饲喂次数应保持恒定。每次投喂量若不足，麝在进食后不久便会再度产生饥饿感，这不仅会妨碍其安静休憩，亦会对消化机能造成不良影响。反之，一次喂得过多，影响下次饲喂时的食欲。此外，若麝无法在特定时间内将饲料食用完毕，饲草将会变干，精料亦会变质，从而导致饲料的浪费。通常情况下，每次投喂的饲料宜在短时间内（约1 h）吃完。若存在剩余饲料，应及时取出，并根据实际情况适当削减下一次的投喂量。

就一日投喂量而言，早晨宜投喂日粮的30%，午间投喂20%，夜间投喂50%。饲喂次数应依据季节合理确定，遵循少量多次的原则。但需注意，若次数过多，可能导致麝的食欲下降，且会耗费过多人力。一般而言，粗料每天投喂1次，精料每天投喂1次。

（三）规范饲料投喂顺序

在夏、秋季，在7—8时投喂粗料。精料投喂时间在夏、秋季为17—18时，春季则为11时30分至12时。饲料投喂顺序可依据实际情形加以安排，但一经确定，不可随意更改。

（四）平稳推进饲料更换

在麝的饲养中，需精准把握加料、减料以及饲料变换的节奏。麝的营养需求与消化机能呈现显著的季节性特征。长期投喂特定饲料会使麝形成进食习惯，尤其是对适口性佳的饲料更为依赖。若突然更换饲料，在短期内麝难以适应，特别是对质量欠佳且不喜食的饲料。因此，当必须更换饲草与精料时，应循序渐进地以新饲料替代旧饲料，使麝的适口性感受与消化机能逐步适应新的饲料类型。若操之过急，一时不适应，会对麝的食欲与消化功能产生负面影响，导致饲料浪费。有时，因过量食用含水量高的饲草，还可能引发消化不良与腹泻症状。

（五）保障充足饮水供应

水对于麝的饲料消化吸收、体内营养物质运输以及整体生理机能的维持均具有极为关键的作用。因此，务必提供足量的清洁饮水，每日至少给水一次。在夏季高温时节，应随时增添饮水，并将水置于阴凉处，避免阳光直射。冬季则需将水放置在温暖区域，防止冻结。

（六）营造适宜生活环境

在麝场周边及圈舍内部栽种诸如桑树、杏树、榆树、五角枫等可供麝采食的树木，以及苹果、核桃等经济树种，既能满足麝的采食需求，又能提供遮阴纳凉之处。圈舍内部应始终维持干燥、通风的状态，确保空气清新，实现冬暖夏凉的居住条件。夏季着重防暑降温，冬季做好防寒防冻工作。同时，应竭力保持环境安静，减少外界不良刺激对麝的干扰。

（七）确保适度运动锻炼

麝多在黄昏与拂晓时段活动，常往返走动、登上活动架或在圈舍内奔跑嬉戏。适度的运动能够强化心脏与肌肉功能，加速血液循环，促进新陈代谢并提升抗病能力。种公麝若运动充足，不仅可增强自身体质，亦有助于提升配种能力。妊娠母麝保持适当运动，可以保障胎儿正常发育和降低难产风险。

（八）固定日常工作时间

除每日按时投喂饲料外，清扫圈舍的时间亦需严格遵循固定时间。因在固定清扫时间时，麝会有所准备，清扫过程中便不会产生恐惧心理。若清扫时间飘忽不定，将会干扰麝的休息、采食、反刍及日常活动，对其健康状况产生不利影响。

（九）保证适度日光浴

麝喜在光线偏暗的阴凉区域休憩。在圈养条件下，有时会面临太阳照射匮乏的情形，尤其是长时间缺乏紫外线照射时，将会阻碍机体正常的新陈代谢进程，对钙、磷代谢以及内分泌腺机能亦会产生不利影响。在紫外线的作用下，机体皮肤内的固醇类物质经皮肤细胞的作用转化为维生素D，进而促进钙、磷的吸收并调节血液中钙和磷的比例，可预防麝患骨质软化病及佝偻病。因此，每日应确保麝接受适当的太阳照射。然而，在炎热夏季，麝常出现吐舌喘气现象，若长时间处于烈日暴晒之下，对其极为不利。

（十）秉持温和对待态度

动物有机体与外界环境条件之间主要借助神经系统相互关联。麝对外界环境变化敏感，若采用粗暴方式对麝，会致使麝的神经系统陷入紧张状态，进而使其生理机能无法正常运转。自幼年起对麝加以调教训练，可使其逐步消除对人的恐惧心理，并能够主动与人亲近。

（十一）强化防疫卫生举措

圈舍及活动场地务必定期进行清扫，及时清除粪便。林麝具有定点排便的习性，这为圈舍清洁工作提供了便利。圈舍清洁工作每日开展一次，主要涵盖地面粪便与其他垃圾的清扫，针对硬化地面的尿液进行冲洗，对非硬化地面的草坪予以清理使其保持整洁，以达到地面无粪便、无垃圾残留且无积水。粪便应堆积于距离麝圈较远的粪池内，患有传染病的麝的粪便则需深埋或焚烧处理。及时排干尿液与积水，维持环境干燥，消除细菌与蚊蝇的滋生源头；圈舍及活动场地应定期进行消毒，每年3月和8月实施全场彻底消毒较为适宜；食槽与饮具需每日刷洗，每隔10 d左右采用高锰酸钾等消毒剂进行一次消毒；水源与饲料必须保持清洁卫生。

（十二）严谨细致观察

在饲养管理过程中，观察属于极为关键的环节与工作。通过悉心观察，能够有效掌握动物的各类变化情况，及时洞悉麝群的整体状况，同时应避免采用强力刺激手段抓捕麝以进行检查。麝的精神面貌、神态表现、活动情形、采食与饮水状况以及粪便的色泽与形态等均为重要的观测指标，而这需要对饲养人员进行认真、严格且长期的培训与培养，方能得以有效落实。饲养员及技术人员在每日例行工作并与麝近距离接触时，应同步开展常规观察；遇特殊情形，则依据实际需求安排专门的观察时间。在实际生产中，通常涵盖如下观察项目：

1. 精神状态

健康的麝呈现出活泼好动的精神风貌，双眼有神，精力充沛，爱活动。若察觉麝神情萎靡，长时间站立不动且双腿紧靠，或者频繁卧地不起等现象，极有可能是患病的表征，需及时寻求兽医进行诊断治疗。

2. 食欲与反刍情况

健康的麝在采食过程中表现积极，进食速度较快；而患病的麝则往往食欲不振，进食量极少甚至完全停止采食。不过，需将此情形与因饲料质量不佳而导致的采食受影响状况加以区分。健康的麝反刍较为频繁，患病的麝多数情况下反刍次数减少，严重时甚至停止反刍。

3. 鼻镜特征

健康麝的鼻镜部位时常附有汗珠，而患病的麝鼻镜则显得干燥无光泽。

4. 体温状况

成年麝一般处于37.0～38.5℃，哺乳仔麝的体温相较成年麝略高。一旦麝患病，其体温通常会显著升高。

5. 粪便性状

健康麝的粪便相对干燥，落地后呈松散分离状，呈现椭圆形的散球状，颜色为黑褐色或黄褐色。若麝排出稀便，或粪便中带有黏液或血丝且散发难闻气味，则属于异常粪便，表明麝可能患有疾病。

（十三）幼麝的适时断乳

仔麝自哺乳期起就应当强化调教与驯化工作，以此为后续的驯养奠定坚实的基础（个体驯化层面）。

五、应急处理

在动物养殖过程中，动物健康问题、圈舍安全隐患、动物逃逸事件、环境污染（涵盖空气、水、噪声等方面）以及自然灾害的突然发生等情况均可能出现，针对这些突发状况的应急处理极为关键。若能在早期察觉异常并及时采取处理措施，便可将损失控制在最低限度。一旦发现异常现象，首要任务是及时向上级部门或相关负责人员进行汇报，并迅速开展应对处理工作，随后深入了解具体情况以查明引发异常的原因，进而尽可能地防止类似异常情况再次出现。

第二节　幼麝管理

幼麝饲养管理的核心目标在于确保新生仔麝的存活、促进其快速生长、预防疾病发生，着力培育具备优良生产性能与强健体质的幼麝，并逐步实现对其驯化。

一般将断乳前的小麝界定为仔麝或哺乳仔麝（图4-1），自断乳后至青年麝以前的小麝称为幼麝或离乳仔麝。当年出生的仔麝，进入第二年则被称为青年麝。据此，幼麝的饲养管理可划分为2个阶段，分别是哺乳仔麝饲养管理阶段和断乳仔麝饲养管理阶段。

图4-1　仔麝照片

一、哺乳仔麝饲养管理要点

（一）仔麝初乳摄取：健康生长的关键起始

在仔麝的饲养管理中，初乳的摄取至关重要。仔麝于出生后数小时内应吃到初乳，其中以出生后1～2 h内吃到为最佳，最晚不可超过8～10 h的时限。母麝分娩后5 d之内所分泌的乳汁呈淡黄色，称为初乳。通常，仔麝在出生后的10～30 min便可自行站立，并开始寻找乳头吃初乳。仔麝首次哺乳时间的早晚，是评判其胚胎期发育状况优劣以及生命力强弱的关键标志。

仔麝出生后首次哺乳的早晚以及哺乳是否充分，对其后续的生长发育及体质健康状况有着直接影响。出生后便能正常获得哺乳的仔麝，大多生长速度较快，体质也较为健康。然而，部分仔麝因某些特定原因，在出生后无法及时吃到母乳，又未能得到妥善的人工哺乳，在6～10 h之后，便会呈现出软弱无力的状态，甚至有可能面临死亡风险。即便经过抢救得以存活，对其后续生长也会造成诸多不利影响。

仔麝能否及时吃到初乳，这与分娩母麝的温顺程度以及母性强弱密切相关。品质优良的母麝，在分娩后会对幼仔寸步不离，通过舔舐给予充分的爱抚，能迅速将仔麝身上的液体舔干，使得仔麝顺利站立并进行哺乳。甚至存在部分母麝，产后以卧姿进行舔舐，进而让仔麝在尚未站立之时便已吃到初乳。仔麝及时吃到母麝初乳的重要意义在于初乳中含有丰富的蛋白质、维生素A、脂肪酶、抗体、磷酸盐、镁盐等无机盐类，这些是仔麝所必需的营养物质。初乳对于促进仔麝排出胎粪、预防传染病以及增强仔麝自身抵抗力等方面，均发挥着重要作用。并且，仔麝及时哺乳还能够对母麝乳腺的分泌机能起到积极的促进作用。

初生仔麝看护重点在于观察是否吃上初乳。母性差的母麝，可能因受惊或自身不良习性等因素，产后不顾仔麝，早晚和夜间尤甚。仔麝胎液未干体热散失快，易衰弱死亡，此时需及时擦拭胎液，或找温顺母麝代乳后放回，也可用竹棍搔痒母麝乳房处促其习惯哺乳，驯化好的母麝可先按摩乳房再协助仔麝吃乳。若未处理好，仔麝长时间跟母麝跑动，吃奶本能减弱，可能饿死。总之，初乳摄取与仔麝看护工作的妥善开展，是仔麝健康成长的重要保障，对仔麝养殖意义重大。

（二）七日龄内仔麝管护要点

七日龄内的仔麝因体弱、生活力欠佳而面临较高死亡风险，故而需强化管理。新生仔麝体温调节能力差，尤其在阴雨天气温较低时，其体毛干燥慢，极易遭受寒冷侵袭，进而引发疾病甚至死亡。因此，仔麝出生后应避免惊扰，以便母麝能迅速舔干仔麝，同时产房环境应保持干燥、排水顺畅、温暖且无“穿堂风”。在产房光线较暗的墙角铺设柔软干草，供仔麝躺卧休憩，并及时更换。理想的做法是在产房内安置一个长100 cm、宽40 cm、高50 cm，门高20 cm、宽约15 cm的土木结构小室或木板制作的产仔箱，内部铺设柔软褥草，为仔麝提供休息睡眠之所，既能保暖，又可防止母麝踩踏致伤仔麝。产房地面不宜采用具有刺激性的石灰等物质垫圈，防止仔麝沾染或误食、吸入呼吸道而致病。

切不可用带有香脂、碘酒等异味的手触摸仔麝，以免母麝嗅闻后弃仔。若仔麝遭遗弃或母麝乳汁不足，可考虑代养、羊代乳、人工哺乳等应对方法。7日龄左右的仔麝，切勿频繁打扰，若贸然接近惊扰，母麝出于护仔本能会发起攻击，这不仅干扰母麝对仔麝的正常护理，还易使仔麝受惊。母麝产仔期间，产房内不宜放置盛水器具，因刚产下的仔麝四肢绵软、步态不稳，易跌入水中浸湿体毛或误饮冷水而染病。待仔麝能够奔跑并正常吮奶后，再为母麝提供少量饮水。倘若母乳不足或仔麝未能吃上奶，仔麝便会跟随母麝四处寻奶，遇人进入产房，还会跑至人前“咩咩”鸣叫索奶。一旦发现此类情形，应立即设法解决。

当母麝一胎产三仔时，通常第3个仔麝（最后出生的）初生体重较轻、体型较小、体质虚弱且站立困难。对此需加强护理，在第1个、第2个仔麝吮奶后，将它们暂时关进小室，让母麝专心哺乳第3个仔麝。此后每日早、中、晚定时扶起最小的仔麝，优先保障其充足吮奶，之后再让另外2只仔麝进食。如此操作，可使弱小仔麝避免因饥饿致死。在10 d之后，可不再进行人工辅助。或者在七日龄后，将一只体型较大的仔麝寄养给产单胎的母麝，以减轻母麝哺乳压力，优化仔麝营养供给状况。

（三）离乳前仔麝管护要点

仔麝于白昼时段多处于酣睡状态，鲜少在大圈中活动，其活动与吃奶行为主要集中于黄昏及拂晓时分，此时间是观察的良好时机，需着重留意仔麝的健康与行为状态是否正常。通常而言，处于15日龄左右的健康仔麝，常呈现出头紧贴身躯卧于光线较为昏暗之处的姿态，双耳直立向上，双目炯炯有神，鼻镜部位富有光泽。当人员进入产房时，其鼻部会微微颤动以嗅闻来人气息。待人员靠近时，便会迅速抬起头部予以关注，继而起身站立，初始时呈弓腰状，随后伸展腰肢舒展身体，片刻之后又会卧倒，并伴有将四肢收缩于体下的动作，且不会发出叫声。而那些身体抱恙、状态异常或吮奶量不足的仔麝，则表现为双耳下垂，双眼微闭且缺乏神采，鼻镜干裂粗糙。当人员走近时，不会主动嗅闻，起身站立后亦呈现出精神萎靡之态，并不时发出叫声。对此需进行细致入微的观察，并依据实际情况及时采取相应的处理措施，以保障仔麝的健康成长与良好发育。

（四）仔麝15日龄后饲养管理要点

15日龄后，白天可将产房门开启，使母麝与仔麝能够自由进出。中午12时左右，应将母麝驱入产房，以便仔麝吮奶。若仔麝长时间未能吮奶而处于极度饥饿状态，会致使其于夜间一次性吮奶量过多，进而易于引发疾病。待仔麝生长至20日龄之后，除身体极为孱弱或患有疾病者需在夜间与母麝共同留于产房内接受喂养外，其余仔麝夜间无须再被关入产房，可任其自由活动，以此增强体质。

在仔麝的哺乳阶段，切不可对其进行追撵抓捕行为，即便在实施驯化时亦不可强行进行。否则，仔麝将会因恐惧而持续发出惨叫，致使母麝受到惊扰在圈舍内来回狂奔、跳跃不止并不断嘶鸣，将严重干扰母麝与仔麝的正常生活秩序。在仔麝哺乳期间，除吮奶、采食等基本活动外，还应适当增加其运动量。鉴于仔麝护理工作的优劣直接关联养麝生产指标能否顺利达成，故而需对仔麝予以精心呵护、悉心照料，并积极施行各类行之有效的举措，全力确保仔麝全部存活并得以顺利育成。

（五）哺乳仔麝的补饲意义及要点

哺乳仔麝的补饲能补充其营养上的不足。母麝分娩后，虽可分泌大量乳汁，但由于仔麝生长发育较快，母乳所供给的各类营养成分，如全价蛋白质、各种维生素以及矿物质等，会逐渐难以满足仔麝的生长需求。在仔麝出生后的1～3月龄这一早期发育关键阶段，其平均日增重可达25.0～33.1 g。若在此期间未开展补饲工作，因营养匮乏将会对仔麝生长产生不利影响，致使其呈现出四肢修长、躯体纤细且发育不良的体态特征。

通过补饲，不仅能够在哺乳期对仔麝的消化器官及其生理机能予以有效锻炼，使其于断乳后能够更为迅速地适应饲料的转变。在哺乳期为仔麝提供部分植物性粗饲料，可对其消化系统形成刺激，促进胃肠容积的扩展并提升消化能力。仔麝的瘤胃与大肠的生长速度相较于真胃与小肠更为迅速，此特性乃是由反刍动物消化道对纤维具备特殊消化能力的遗传性所决定。因此，在仔麝哺乳期适时补饲是十分必要的。此外，早期补饲还可促使仔麝提前断乳，这亦是间接推动母麝提前发情的有效手段。

仔麝约在出生15～20日龄后，便会逐步开启饲料采食进程。此时，单纯依靠母乳已无法满足其生长发育所需。为顺应仔麝的消化特性，应当补给新鲜多汁且幼嫩的青饲料，如白菜、萝卜叶等，同时投喂经磨碎泡软（煮软）的豌豆、玉米。此外，还可采集部分野生植物的幼嫩枝叶用以饲喂仔麝，如山柳、头花杜鹃、稻黄花龙胆、裂叶羌活等。在仔麝开始采食饲料后，需着重防范因采食过量饲料而引发瘤胃积食、消化不良（表现为拉稀粪）等问题。

二、断乳仔麝饲养管理要点

断乳仔麝是指从离乳至年末转群前处于青年初期的幼麝。针对断乳后患病及体况瘦弱的仔麝，需强化饲养管理力度，提供优质饲料以保障充足营养供应，促进其快速恢复，为安全越冬奠定基础。

（一）断乳时间的确定与性别判断

仔麝通常2月龄可断乳，以3月龄左右断乳为宜，病弱个体可适当延迟断乳。在断乳前2个月，需准确摸清仔麝公母情况，为后续编号工作做准备。具体判别方法如下：

（1）可通过人手触摸仔麝腹部，观察尿道口位置来判定。

（2）母麝哺乳时，若先舔舐仔麝肛门后又舔舐腹部鼠蹊部，则为公仔麝，若仅舔舐臀部而不舔鼠蹊部则为母仔麝。

（3）观察仔麝便尿姿势，母麝便尿姿势与便粪姿势相同，呈全蹲状，尿道口在肛门下，而公仔麝便尿时后体向下呈半蹲状，尿液从腹部鼠蹊部尿道口排出，且在下午5—7时观察更易区分。

（二）编号与断乳准备

在明确仔麝公母后，于断乳前1个月，采用耳号钳打耳号或佩戴耳标（图4-2）。之后在原圈饲养直至伤口愈合，一般在8月底至9月初进行断乳。体质不佳的仔麝可暂不编号，待体况恢复后再行操作。打耳号工作应在10时前，17时后且天凉时段进行，因高温时段操作易导致伤口大量出血。

图4-2　耳牌

（三）断乳方法与注意事项

断乳是仔麝饲养管理的关键环节，方法不当易引发大量死亡。若一次性将众多断乳仔麝置于同一圈舍，因其对新环境陌生不适，会出现全体急剧奔跑、相互咬斗现象，可能导致肺充血或肺出血致死。

断乳应依据仔麝出生先后顺序以及仔麝与母麝的体况差异合理开展。出生早、体质强壮且母麝体质欠佳的优先断乳，其余则稍后断乳。断乳仔麝需分期分批调入断乳圈。在调仔麝之前，先把断乳仔麝或母麝关在圈舍内饲养，使母、仔隔离2～3 d后，再将仔麝于上午8时前调入断乳圈。母仔隔离2～3 d可使仔麝调入断乳圈后不再依恋母麝，此断乳方法切实可行。上午8时前，天气凉爽，断乳仔麝调入新环境后虽会四处走动、嗅闻甚至奔跑，但相较于中午天热时情况要好得多，可避免因天热奔跑过量而患病。同时，麝在白天较少活动，多卧休息。如果新调进的麝，因环境生疏而奔跑，一般不会引起先调进的麝奔跑。早上8时前调入后，在凉爽的上午熟悉了环境，到下午、晚上，也就不会再奔跑了，此外，白天也便于人员观察与管理工作的开展。

（四）断乳仔麝的科学调群流程

断乳时，需依据圈舍面积确定首批调入仔麝数量，例如100 m^2的活动场可调入3～4头，且可直接于大圈饲养，无须圈养于舍内。在此期间密切观察，若存在个别爱奔跑、喜咬斗的仔麝，需将其关入单独圈舍喂养，以防干扰其他仔麝，次日早晨再放出。间隔2～3 d，待该批仔麝适应后，再调入下一批。可将性情温顺、不喜咬斗且不爱跑动的断乳仔麝置于大圈，数量不宜超3头，其余则在圈舍内单独饲养2～3 d。待其熟悉圈舍环境后，白天开启圈舍门，任其自由出入以熟悉大圈环境，夜间再关入单圈喂养，再过1～2 d，夜间便可不再圈养。

调仔麝时，以同圈仔麝同时调离为佳，好处是，仔麝调进同一个新的圈，仔麝间相互是熟悉的，仅需适应新环境即可。断乳的仔麝在单圈舍喂养时，晚上圈舍的门窗要用草帘或其他东西从里面遮挡，不要漏光，以免仔麝出来。白天摘去帘子。

此外，亦可采用分期分批调离母麝实现断乳的方法，操作流程同上。仔麝于原圈舍饲养至1岁左右再分群亦可。

（五）断乳仔麝饲料管理

断乳后，饲料是仔麝获取营养的唯一来源。因幼麝初期消化道锻炼不足，消化粗饲料能力弱于成年麝，且半岁前生长发育迅速，此期，饲料种类逐渐减少，需提供优质饲料以满足营养需求。断乳后的饲料应与断乳前保持一致，不可立即更换。喂养1个多月后，若需更换为冬季饲料，应逐步用新饲料替换旧饲料。尽量投喂哺乳期仔麝常采食的饲料，并依据离乳前仔麝的哺乳与采食次数，适当增加离乳后的饲喂次数，充分考虑其食量小、消化快、采食频率高的特性，随着幼麝日龄增长，逐渐减少饲喂次数至成年麝水平。一般离乳初期，每日投喂4～5次粗、精饲料，夜间补饲1次粗饲料，至10月份，饲喂次数与成年麝相同。断乳幼麝的日粮应由易消化、含有生长发育所必需营养物质的饲料组成。

为保障仔麝健康生长发育，每日需补饲骨粉或矿物添加剂3～4 g、食盐500 mg。

离乳幼麝的饲料应精心加工调制，可将大豆、豆浆、玉米、麦麸等喂给幼麝。同时，需提供充足的优质粗饲料与清洁饮水。4～5月龄幼麝进入冬季后，因粗饲料多为干枝叶、青干饲料，应额外补充富含维生素的多汁饲料。

幼麝断乳后，一段时间内因环境不习惯而在圈里奔跑，加之依恋母乳，食量稍下降，体重减轻。所以，需要精心饲养，有病、体弱的要单养，使其很快恢复；否则入冬后会造成死亡。运动场可支撑活动架，供幼麝攀登运动。多晒太阳，增强仔麝体魄。冬季，及时清扫积雪，保持圈内干燥，并在圈内避风处放干软的树叶和草，供幼麝静卧和保暖。每天要详细观察，若有体弱幼麝，需单独喂养、观察，以便及时发现问题，及时处理。阴雨天，幼麝要关入圈舍内，防止雨淋和饮不清洁的雨水而引发疾病。幼麝的性情暴躁，在饲养过程中应当处处谨慎小心，防止惊恐，造成死亡。

第三节 育成麝管理

育成麝作为从幼麝向成年麝过渡的关键阶段，其饲养管理至关重要。育成麝已具备独立采食与适应多元饲料的能力，此阶段饲养质量直接关系日后生产性能及育种价值。依其可塑性强与生长迅猛之特性，予以合理饲育与定向培育，方可育出体质优、生产力高且耐粗饲的理想麝。经1年育成期，麝的平均体重为6 ~ 7 kg，可达成年麝身体重的70%左右，育成母麝发育更为迅速，能达成年体重的80%以上。

育成麝日粮调配需精准，精粗比例失衡将影响消化器官发育与营养摄取。冬季日喂量550 ~ 600 g，含精料80 ~ 100 g、青干树叶50 ~ 70 g、多汁饲料300 ~ 400 g、钙2 ~ 4 g、食盐2 g，分种类给料，一般上午添加粗饲料。圈舍管理方面，应保持清洁干燥，勤清粪便，冬季足备垫草，定期消杀以防疾病。公母分养，每圈3 ~ 4头，严防混群乱圈，避免早熟麝滥配，消耗体力或致伤亡。

育成麝管理配专职人员，专司饲养与驯化事务。标识亦为养殖必需，如耳缺、耳牌、芯片埋置等，林麝育成期以轻质耳标为宜，便于识别建档与系谱构建。疾病防控为育成期重点，消化道与肺部疾病威胁尤甚，需优饲、防雨、防天敌，加强驯化，以减应激、强体质、提成活。

第四节 成年麝管理

成年麝饲养时，各类饲料供给量仅作推荐参考，实际用量会因饲料种类差异而变动。其中，木本植物是重要饲料来源，秉持多元化供给原则，旨在契合麝泛食习性，拓宽其采食种类范围。

一、依据不同生理时期特性实施针对性管理

公麝于泌香期与配种期呈现特殊生理状态。配种期多群养，难以开展特殊管理；泌香期则需单圈单养，重点营造静谧环境，避免惊扰与非必要抓捕。在此期间投喂鲜树叶及优质多汁饲料，并依采食量确定精料投放量。种公麝在配种前1月，应增加饲料中蛋白质饲料的比例和富含胡萝卜素的饲料，同时确保充足的运动量，以维持健壮体质与旺盛性欲。配种结束后，为助力公麝体况快速恢复，配种期饲料不宜即刻变更，待体况复原后再行转换为非配种期饲料配方。

母麝管理注重配种与妊娠环节。适龄且身体状况良好母麝配种期应及时配种，防止漏配、空怀或受孕推迟，精准记录配种信息，并妥善落实产后护理。受孕后，母麝需与公麝隔离，确保环境安宁，杜绝惊扰与公麝追逐引发流产风险。妊娠期间适度增加精料供给，侧重蛋白质与维生素丰富的饲料投喂，保障胎儿发育营养所需。临产前1～2 d，精料减量，多汁饲料增量。依据分娩症状与预产期，提前1～2 d安排母麝单圈待产。产后，如遇母麝母性欠佳或乳汁匮乏状况，可选用母性优良且产仔期相近母麝代乳或采用羊乳实施人工哺乳。在哺乳期间，精饲料应控制添加量，充分保障优质青绿多汁饲料供应。

二、公麝的生产管理

饲养公麝旨在实现两大目标：一是产出大量优质麝香，二是繁育优质后代。欲达成此目的，关键在于通过良好饲养提升公麝麝香产量与繁殖效能，从而增加经济收益并降低饲养成本。而优质种公麝须具备健康体魄、强大配种能力、优良精液品质以及较高受孕率等条件，这一切均依赖于科学合理的饲养管理。

（一）饲养阶段划分

公麝生理特性随季节更迭而变化，春夏季（5—8月）泌香，秋冬季（9月至翌年3月）发情。配种期性欲旺盛，咬斗频繁，致食欲减退、体重下

降；越冬期的性欲弱化，食欲回升，采食量剧增，利于恢复体能并为泌香储备营养；母麝泌乳期公麝营养最优，体态丰腴，为配种消耗作准备。基于公麝生产性能与营养需求的季节性波动，可将其饲养管理细分为泌香前期、泌香期、配种期与配种恢复期4个阶段，各阶段精准施策对科学饲养至关重要。

（二）饲养方法

公麝性情胆怯、急躁、孤僻且好斗，饲养方式多样，常见有一公单养、多母或多公群养、一公多母合养等。每圈饲养数量需综合考量麝的驯化程度、群体习性与圈舍面积等因素。实践表明，圈养成年麝数量不宜过多，因公麝喜咬斗，群体规模过大易相互干扰。单养公麝于体质方面通常优于群养个体。

（三）生产公麝饲料管理

为确保生产公麝体况良好、泌香正常，需供给富含碳水化合物、蛋白质的饲料，以及足量维生素、钙、磷等微量元素。各地应因地制宜，选用当地易种、野生资源充裕且便于贮藏的品种灵活配制日粮。公麝多喜食嫩叶、根茎与籽实，一般以鲜喂为主，冬季可储备青干饲料。块茎、瓜类妥善保管后亦可用作越冬饲料。精料需粉碎处理，部分如黄豆则需煮熟投喂。要注意和防止饲料霉变。变质的饲料不能喂，如用变质饲料或豆类的籽实生喂，会引起公麝的消化道疾病。以防霉变引发消化道疾病，饲料调制加工在公麝饲养中不容小觑。夏秋之际野生植物茂盛，宜组织人力采集嫩枝叶，经晒干或阴干处理后储备，以保冬季饲料的青绿、干燥与无霉变。多汁饲料（如块根、瓜果、蔬菜），在条件允许时可直接鲜喂；也可采用窖贮法储存，以供冬、春季节使用。使用窖贮的根块、瓜类时，需预先洗净切细，与精料充分混合拌匀后投喂。圈养繁殖的麝以家种饲料为主要来源，适量搭配野生饲料，并在饲料中添加少量动物性饲料，以此完善饲料营养价值体系，促进麝健康生长。

养麝生产过程中，冬季到夏季的饲料供应过渡阶段至关重要，这一时期对公麝体质影响显著。伴随季节更替，白昼渐长，公麝机体物质代谢速率加快，大量能量用于体温维持。为保障公麝顺利完成这一生理过程并维持机体能量平衡，其日粮必须具备全价营养。在此期间，为使日粮蛋白质含量符合标准，可适当增加精料供给。特别在3—6月期间，投喂全价优质青绿饲料，并在取香前持续保证精料的充足供应，是获取优质麝香产品的必要举措。公麝泌香期营养需求特殊，不仅要确保精料与青饲料的大量供给，还需着力提升日粮品质与适口性。可通过提高精料中黄豆、麦麸、绿豆等成分比例，并提供足量青饲料来满足营养需求。同时，采用大豆豆浆拌调精料的方式，能有效增强日粮的适口性、消化率与生物学价值。

公麝饲料品类多样，精料主要源自作物籽实，青干树叶多采自可食用树叶加工调制，松萝（山挂面）可充当干饲料，鲜饲料以鲜树叶为主，多汁饲料涵盖块根作物、蔬菜、瓜类等，动物性饲料则包含鱼粉、蛋黄粉、乳粉等，此外，可视情况投喂海带以补充碘元素。实际饲养时，应依据地区与个体差异，科学合理搭配饲料品种及数量，确保公麝营养均衡。

11月至翌年3月寒冬时节，青绿饲草匮乏，营养不及秋季。此时应增加适口性好的多汁饲料投喂量，如胡萝卜、南瓜、甘蓝、马铃薯、甘薯等，日投喂量250 g左右。同时，精料供给亦需增加，每日投喂由大豆、玉米粉、麦麸等混合而成的精料100 ~ 150 g。进入4月，各类植物新叶萌发，青绿饲草供应充足，但为防止麝在5—6月泌香生长关键时期体况下降，在保障优质青饲料供应的同时，不可减少精料投喂量，从而确保公麝营养物质摄入充足，维持健壮体况，促进麝香分泌。至5月，青绿饲草丰足，可适度削减精料，日投喂量调整为75 ~ 100 g，令公麝通过采食青绿饲料获取丰富营养，增强体况，为越冬作准备。

4. 生产公麝管理要点

公麝具好斗特性，常攻击弱小同类，用獠牙刺咬、蹄刨打同类。因此，饲养时需按年龄、强弱分群，以防以强凌弱、以大欺小。为规避伤亡事故，每年宜用骨剪于獠牙血管前截断其前部并磨钝，此操作对公麝无不良影响。麝于黄昏、拂晓，或天气阴晴交替时，多在圈中奔跑、攀爬活动架并互相追咬。饲养人员此时应强化管理，制止咬斗，可将活跃、好斗的个体暂时圈禁，以免干扰群体。

公麝初至新环境，因不适而嗅闻、奔跑，易引发争斗。故而公麝圈舍不宜随意变动，如需调动，数量不宜多。新入圈者先单养2 ~ 3 d，后白天放出并密切观察以防咬斗，夜间仍归单圈，渐趋适应新境。

配种期公麝兴奋且好斗，食量略减，加之天寒、青绿饲料短缺致营养单一，公麝体况消瘦。在此期间除了加强防争斗的管理外，体弱个体需单养并供优质饲料促其恢复，安然越冬。

公麝泌香前1月，应优饲精管，防疾病侵扰。泌香反应出现后，为防其因奔跑、拒食致体质损耗，应保持圈舍安静，避免惊扰。若有麝躁动追咬，可暂置单圈2 ~ 3 d，谨防时间过长致放回后不习惯而打斗；或夜间单圈、白天群养。

生产公麝饮水需日换，夏保新鲜清洁，冬防水槽结冰。夏季冷水，冬季以温水或1%盐水为宜，同时必须保证喂给足够的盐量，一般麝场，公麝给盐2 ~ 5 g。给盐法有3种：混入精料、设盐槽、投放于水槽。

泌香期舍内宜静，谢绝外人参观。饲养人员进出麝舍时，动作要轻、稳，及时给予信号。在泌香期，应设专人值班，注意看管。饲养人员待麝温和，禁粗暴。出入圈舍随手关门防麝逃逸，杜绝猫、犬入舍或在周边活动，切勿惊扰麝群。

三、种公麝的生产管理

种公麝须具备体格健壮、性欲旺盛且精液品质优良等配种能力特质，即性细胞活跃、精子密度大且活力强。为此，饲养环节至关重要。

配种前准备期处于8—9月泌香末期，此期间公麝性细胞已逐步形成，其营养状况对精液生成有一定影响。故在进入配种期前约1个月，应强化种公麝饲养管理。麝的配种期在10月至翌年2月，此阶段饲养性质发生转变。公麝性冲动强烈，争偶竞争激烈，致消化机能紊乱、食欲锐减、活动量剧增，为营养与体力消耗高峰期，体重通常会减轻10% ~ 20%。此时应着力提升公麝食欲，促进发情，增强配种能力与精液品质。

拟定配种期日粮时，应注重提高饲料适口性。为达到提高采食量与促进发情的目的，饲料应多样化且蛋白质生物学价值高。据饲养观察，配种期公麝偏好甜、苦或含糖和维生素丰富的青绿饲料，如瓜类、根茎类、鲜枝叶等多汁饲料较为适宜。投喂胡萝卜、青刈大豆、青柞叶等优质青绿多汁饲料，既能提升采食量，又具有催情的功效。精料以黄豆、绿豆、玉米、麦麸等为主，此类饲料富含蛋白质与磷，可满足公麝营养需求，利于精子生成与性活动能力提升。每日应投喂约700 g富含蛋白质与维生素A、D、C、E的优质粗饲料、250 g左右胡萝卜、甘蓝等多汁饲料，以及100～150 g精料，以保障种公麝营养所需，提升配种效能，实现早配、准配目标。

配种前，应对种公麝开展兽医检查，营养状况不佳、上一年配种性欲低下、麝香质量差以及患过病的公麝不宜参与配种。种公麝泌香反应期，应防范咬斗致体力损耗。在9月中旬左右，将种公麝置于配种母麝群中，使其熟悉环境、提升性欲并避免与母麝咬斗。入配种圈后，密切观察，若公麝不追逐母麝、性欲不强、爬跨无力致母麝受孕失败，应立即调出更换。不宜选用幼龄、年老及野性大的公麝作种用，且需保障其宽敞运动空间，适当运动有助于消化机能提升、体质增强、精力充沛与性欲旺盛，进而提高配种能力。若一个配种圈有2个以上种公麝，每次仅允许其中一只配种，另一只则单圈饲养，使其休息并轮换。若种公麝因追逐发情母麝发出叫声引发其他种公麝兴奋不安，可调暗单圈光线助其安静休息，以防体力过度消耗。

配种期，为精准掌控配种状况，需专人昼夜值守监管，适时哄赶麝群，促使发情母麝及时交配。值守人员应细致观察配种进程，并做好记录。同时，需控制麝的饮水，严禁公麝咬斗后喘息未定即饮水，配种结束20～30 min后方可允许饮水。配种前，应对圈舍进行检修，确保水槽与料槽放置合理，防止公麝求偶时撞伤。配种期多雨易致圈舍泥泞，应定期清扫排水并消毒，预防坏死杆菌病发生。此外，需留意观察麝的采食与粪便情况，防范各类疾病。一个圈虽仅1头种公麝，但可能有多头发情母麝，此时应控制种公麝配种次数，避免配种次数过多致体力消耗过度、精液品质下降，影响母麝受孕。种公麝在整个配种期体质消耗巨大，配种结束后，饲料不宜即刻更换，待体况恢复后，再转入非配种期饲养管理模式。

第五章

麝的繁殖

第一节 选种

为了提高麝群生产力，在麝的繁育上必须严格地进行选种选配。麝的选种选配在参考养麝育种经验的同时，必须考虑麝的生物学特性、产品特点及饲养管理水平。目前很多麝场在繁殖季节仅凭经验进行麝的繁育，造成了麝群生产能力的退化，只有实行科学养麝，才能做到优选优配。

一、种公麝的选择

为了提高麝群生产力，应采用被生产实践证实了的改良动物品种的老方法——选择。选择包括系谱选择和个体选择两种。个体选择是不考虑麝的来源和与配对象来挑选个体，而是根据麝的年龄、生产性能、体质外貌、耐粗饲、抗病力等具体条件来评定种公麝的价值，种公麝必须体质好、性欲旺盛、年龄适中、睾丸匀称、产香量高、肥度适宜、体型优美等。系谱选择是依据种麝是否具备其双亲和祖先的基本优良特性和特征（即种用标准），以及种麝能否将这些特点固定下来并传给后代，进而全面评定种麝的遗传性能和种用价值。种公麝可按生产力、年龄、体质外貌、遗传力等项进行选择。

（一）生产力

种公麝选种最简单的方法是按生产力进行选择，即把整个麝群内每个个体的生产力计算出来，把最好的公麝留作种用。计算公麝的生产力，就是计算麝的产香量。根据麝香产量来评估麝的种用价值，应考虑公麝生产力的基本指标——年产麝香量。为了正确选择种公麝，必须正确计算麝香的重量和质量，此外，还必须考虑影响麝香质量和重量的因素。公麝的生产力由鲜香重量决定，但商品麝香还必须经过加工，需计算每头麝生产的鲜香在加工后的重量。麝香产量高的公麝，应当列入种麝群，但需考虑生长阶段的不同产香量的变化。

产香量作为选种指标，应当重视麝香的产量和质量。各麝场根据本场的麝香生产水平和公麝头数，从中挑选出麝香产量高、质量好的公麝留作种用，种公麝的产香量应比本场同龄公麝平均单产高5～10 g。

（二）年龄

种公麝应在3.5～13.5岁的公麝中选择，3.5～8.0岁是壮年时期，是比较理想的年龄阶段，个别优良的种公麝年龄可延长至17～18岁。

（三）体质外貌

从体质外貌上选择配种公麝，需对公麝进行长期细致的观察，观察其体质状况和行为。有经验的养麝工人，善于鉴别麝的健康及结实与否。做好育种工作，需要系统观察和记载公麝在换毛期、发情期、泌香期的表现情况，找出与一般水平的差异，只有这样，才能正确评定每一头种公麝的好坏。

体质的评定要结合外貌来进行，确定作为种用的公麝，应当具有坚强有力的骨架、匀称的体形（图5-1）。一般来说，健康而强壮的公麝，其香囊大，且麝香分泌多。

在选择种公麝时，除上述要求外，应特别注意以下几点：

（1）皮肤与被毛：被毛健康、柔软、致密，具有该品种的毛色特征，皮肤紧凑而富于弹性。

（2）头部：应具有典型的轮廓，在整个外观上，线条柔和优美。头部大小适中，两耳直立、灵活，眼大而隆起、温和光亮，口角较深，唇坚强有弹性，鼻梁宽，面部末端不宜过锐，否则使整个头型呈老鼠头状。

（3）颈部：粗壮，过于纤细则生产力不高，前与头部、后与躯干衔接良好。一般衔接不好的多为不良体质和体况差的表现。

（4）躯干：肩应有适当的宽度、丰满，胸深，肩胛后方无凹陷。前躯发达，脊柱要直、强、宽，棘突良好，身腰宜长，背可稍具弓形，肋骨突起不宜过于明显，肩部长、高、宽且丰满，骨盆关节应当充实，而且距离宽。下部也要充实，尾不可过长，短尾是大部分种类的特征。

（5）四肢：四肢粗壮有力、筋腱发达、长度适宜、与躯干连接紧密完好，前肢直立，关节不宜靠拢或呈“X”形状，后肢弯曲适度，四蹄坚实、规整。

（6）生殖器官：睾丸发育良好，左右对称，无隐睾。

（7）体况：种公麝应具有育种体况，肥度为中上等。

（8）香囊：香囊位于公麝腹部尿道口与脐部之间，在尿道口前2 ~ 3 cm处，香囊大小根据麝的个体不同而有差异。大者如鸡蛋，小者如核桃。香囊长约6 cm，宽3 ~ 5 cm，香囊周围覆盖被毛。为了从体质外貌上选择种公麝，其香囊越大越好，香囊皮肤紧凑，富于弹力。

图5-1　种用公麝

（四）遗传力

按照遗传力选择属系谱选择，也就是家系选择。选择父母生产力高、遗传力高的后代作为种用，对种公麝的后裔也要进行必要的考查。采用这种选择方法，必须具备以下3个条件：

（1）有严格的登记制度，建立种麝卡片。

（2）配种时必须有观察记录。

（3）采用一公群母或一公一母的配种方式。

评定麝的种用价值，要求建立系谱。系谱不仅便于按来源进行选择，还有助于更好进行麝的选配，从而防止出现近亲繁殖的现象。目前，一般麝场往往做不到这一点。

在选择种公麝时，选择双亲生产力高、体型大、体质强健、体型优美、耐粗饲、适应性强、抗病力强、遗传力高的后代作为种公麝。结合种公麝的后代信息，掌握其遗传性，以利于充分发挥优良种麝的配种效能，积极增殖扩大优质、高产的育种群。

二、种母麝的选择

为了提高母麝的繁殖力和消除不孕，无论生产场、研究机构或育种场，皆应进行母麝的选择（图5-2）。对无经济价值的母麝，要进行淘汰，改善麝群结构。发展养麝业，虽然要大力地求得数量上的增加，但选择工作也要进行，不能放弃选择。初步的母麝选择标准介绍如下：

（1）体型大、健康、营养良好，有一定的体重，具有良好的身体状况。

（2）具有母麝标准体型，四肢强壮有力，皮肤紧凑，被毛光亮等。

（3）气质安静、温和，母性强，善于哺乳。

（4）乳头和乳房的发育状况良好，形状和排列位置端正，泌乳量大。

（5）注意全貌匀称性，柔性和典型性。

（6）体格发育良好，骨骼结实，胸容积大，胸骨大，但不宜过重，全体肌肉组织发育良好。

图5-2 种用母麝

（7）历年无难产，繁殖力较高。

（8）育种核心群母麝，应从4～12岁的壮龄母麝中选择。

三、仔麝的早期选择

在繁殖育种上，必须选择生长发育、生产力良好的公、母麝后代，仔麝应该强壮、健康、敏捷。在选择时要特别注意剔除胸廓发育不好、四肢发育不健壮的仔麝。对吃初乳都需人工辅助或找哺育力强的母麝代乳的仔麝，不能选作种用，也不宜选择运动能力差、四肢过长或过短的仔麝。

良好的仔麝，应该有长的躯干、发达的骨骼和四肢、宽阔的胸部和臀部。对于种用价值低的仔公麝，长成以后，只供生产麝香，不做繁殖用。

第二节　选配方案

一、麝的选配

选配在育种工作中比较复杂，理论上的研究相对较少。人工驯养麝最初时，野外捕获麝后，把麝安置于新的条件下使其与环境产生新的联系，人的活动对于麝产生直接影响。为了使这些麝能够朝着市场需求的方向发展，必须进行严格的选种选配。育种工作并不是以选择为结束，在选出优良的种公麝以后，必须选择出交配后可以生产出最好的后代的母麝与之进行交配，这就是育种工作中最复杂、最重要的一个环节——选配。

选配的本质是选择与种公麝配种的母麝，交配后生产出更加优秀的后代，需要把选种与选配区分开来。选种，是挑选出群体中最好的参配对象，并不考虑它们的来源、与之配种的对象。选配是为了获得一定的预期配种结果，其基础建立在对每个动物的个体特性有深刻的了解上，即知道每个动物的来源，动物与动物之间的相互关系，因此，需要借助于对麝群的了解或谱系。正确的选配能够避免因近亲繁殖所导致的麝群退化。

选配中，首先需要考虑的问题是什么样的母麝与什么样的公麝进行交配。解决这个问题有两种不同的选配原则，一种选配原则为同质选配，另一种选配原则为异质或均衡选配。在养麝业中，麝的选配主要遵从同质选配，本着“类似加类似产生类似”“好的加好的产生好的”的规则进行。同质选配是保持或加强麝群或整个种类所具有的一些有价值的品质时可靠的方法。选配的双亲，彼此间越相似，越能把自己的品质遗传给子代，并且在以后的世代里也将越来越加强这些品质，但不能把同质选配理解为完全相同的动物的结合，因为完全相同的生物在大自然中是不存在的，每一个个体都有本身的特点，同质选配只应理解为生产效用和类型相同的动物间的选配。

当所需要的类型尚未育成或类型数目太少时，不得不采用异质选配。异质或均衡选配，一般是在必须纠正某些缺陷时采用，要求与具有某些缺陷的母麝进行交配的公麝不具备母麝所具有的缺陷。例如，在麝群中发现有发育细弱过度特征的母麝时，就应该选择具有强壮、健康体格、骨骼结实有力、肌肉发育良好的公麝与它进行交配。异质选配不能滥用，不应该走极端，不能以其与另外具有相反性质缺点的麝交配，在后代中以求得纠正。例如，背部突出的鲤背或驼背的麝，不能用凹脊背的麝进行交配。异质选配工作比较难，选配结果不可预测，只有在追求一定目标极端需要的时候才采用。例如，驼背或凹背的母麝，可选择体躯粗大、背腰平直、体质坚实的公麝交配；头长额窄的长脸母麝，可选择宽额的公麝与其交配，以求纠正缺点，达到预期选配目的。

二、育种措施

（一）麝的品质鉴定

麝养殖场，每年应进行麝的鉴定工作。通过直接观察结合生产记录，根据生产性能、生长发育情况、体质外貌、血统后裔等方面，进行麝只的综合评定。

综合评定的组织：在采香（公麝）和产仔（母麝）时进行。养麝场的场长和技术人员是组织综合评定的主要负责人。在综合评定时，参加评定的还有养麝场的畜牧技师、技术员等。

在麝的综合评定前1～2个月，麝场技术员的责任如下：

（1）检查麝场所有的数据记录情况，并准备上年的饲养管理资料。

（2）检查麝群的营养状况，当麝只低于中等肥度时，组织全价饲料，以便到评定时瘦弱麝只达到良好的体况。

（3）检查工具准备情况，耳号钳或耳环钳和一些必要的表格。

根据综合评定的结果，麝场的兽医或技术员应做出总结材料。材料应包括：上年和当年生产量的平均数，个体高产麝统计表，年度饲养管理和改进工作措施计划等。

（二）分群（麝群整顿）

分群对于育种工作非常重要，麝群的正确结构和更替是完成产香和繁殖计划的重要条件之一。正确地进行分群，必须考虑麝的类型、麝良种选择方向、麝群内的亲缘关系、麝群生产力增长和麝群提高的计划任务、选配方法、管理技术和饲料供应等系列问题。

1. 育种核心群

在各麝场之中，应构建育种核心群，以实施“分群选配”策略，其数量宜占基础麝群的15%～20%。在育种核心群内，优先精选出特级群。首要任务是确保育种核心群中的成年麝与幼麝均能获取高品质的各类饲料，并予以精心照料与管理。

出于育种考量，可择选出杰出“卫星麝”——产量纪录的缔造者。令此类公麝与外貌及体重条件最为适配的母麝进行配种。配种期间，可将这些配种组合安置于独立圈舍，并依据公、母麝信息详细记录仔麝谱系等育种资料。

2. 生产等级群

在综合评定环节，可将全部成年公麝与青年公麝划分等级。综合考量麝场圈舍状况、麝只数量、性别、年龄、生产用途等多方面因素，划分出若干等级的生产群。生产群中具备较高价值的个体可进行转群操作。

3. 淘汰群

针对那些年老体弱、行动迟缓、争偶打斗激烈造成伤亡事故、身患疾病以及存在其他不良习性、不孕不育且无繁殖能力的麝只组成淘汰群，但对于尚未丧失经济价值的麝只，则不宜予以淘汰。

为有效规避麝的近亲繁殖，防止后裔生产性能衰退，可于场际间开展种麝交换活动。用于交换的种公麝，年龄处于3～8岁为宜。

（三）拟订繁育计划

根据计划进行繁育工作。计划由各场拟定，时间为5年。繁育工作计划由以下几部分构成：

1. 麝场历史与现状

（1）建场时间、麝群数量与组成结构。

（2）历年麝群总数变动、年生产量，随年度递进而产生的麝香产量变化、仔麝繁殖成活率及麝群质量演变。

（3）麝场发展状况，包括年新增面积、改进举措、麝场对麝群的保证情况。

（4）各年度饲养状况。

（5）冬季管理条件。

（6）兽医卫生状况。

2. 计划期内，当年生产指标增长情况

（1）麝群总数增长幅度。

（2）麝香产量与品质提升情况。

（3）仔麝繁殖成活率增长情况。

（4）麝群品质优化与经济指标增长态势。

3. 确保繁育工作计划完成的措施

（1）粗料、多汁饲料及精料供应保障，饲养管理优化。

（2）保证公麝群，种公麝的交换，麝只的淘汰。

（3）改善管理条件。

（4）选育育种核心群。

（5）兽医卫生与预防措施落实。

依据麝养殖场的具体条件制定各项措施，并进行相关计算，同时参考先进麝场经验拟定计划，以确保计划的科学性与可行性，推动麝场繁育工作的高效开展与持续发展。

（四）各类计划与措施的制定

1. 生产计划

各麝场每年均需拟订自身的生产计划，其涵盖生产基本概况、生产指标以及完成任务的基本措施等内容。除全年生产计划外，亦需制订各生产阶段计划。各麝场的产仔与取香计划在阶段计划中应设定明确指标与具体措施。

2. 麝群周转计划、饲料消耗及储备供应计划

依据麝场具体情形与相关记录资料，针对一年中麝只的交配、分娩、淘汰、转入等变动状况制定麝群周转计划。唯有以此计划为基石，方可进一步编制饲料的生产、消耗、储备与供应等计划。

3. 麝香生产计划

麝香生产计划的制订需以麝群周转计划及其他相关资料为依据。制定方法为，先获取全场近3年内各年龄段麝产麝香的平均指标，乘以本年度具备产麝香能力的麝只数量，从而得出当年产麝香的初步指标。秉持实事求是的态度，结合麝场当年实际条件，确定最终的年度指标。制定生产指标时，切忌保守或冒进，应力求合理精准。

（五）麝场与育种工作记录的规范建立

各麝场务必妥善完成麝场记录及育种工作记录工作。此类记录是规划麝场工作计划的关键基础资料。为有效开展此项工作，需配备若干记录簿、账簿与表格，以实现系统登记。麝场应具备固定资产账、材料账、保管卡片、公母麝登记簿或登记卡片、良种记录、配种及系谱记录（图5-3）、产仔记录、产香情况记录、麝香生产日报表、产品记录、麝香生产统计表、麝只变动报告

表、饲料消耗表、幼麝生长发育表等。所有这些清册、账本、记录与表格均需予以编号处理，使其条理清晰，且需及时填写，确保记录工作的准确性与完整性，为麝场的科学管理与长远发展提供有力的数据支撑与决策依据。

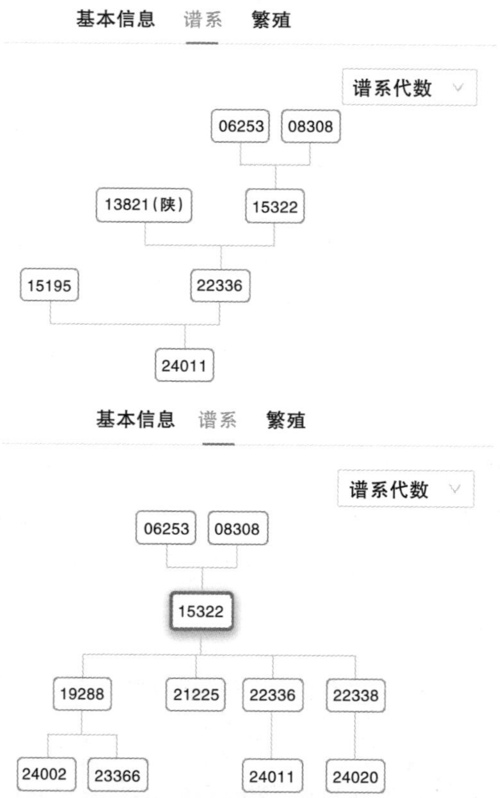

图5-3 林麝系谱

第三节 配种、配种期饲养和管理

一、配种

人工养殖条件下，麝的配种分为自然交配和人工授精两种。麝的自然交配的配怀率已达到家畜配怀水平，人工养麝的配种方式基本是自然交配。养殖条件下的自然交配方式为单公群母法，一般配种比例为公：母=1：（4～6）。配种季节为11月至翌年2月，公母合群在10月底完成，合群后有个体认识和选择的过程，一般情况下合群的公、母麝都能达成默契完成配种，极少数出现拼死搏斗不相认可的情况而被迫更换母麝或公麝。母麝发情时主动接近公麝，与公麝达成默契完成交配。

二、饲养

配种期的饲养分为准备配种期和配种期2个阶段。准备配种期也就是哺乳后期，配种期为10月合群开始至次年2月。母麝一年中所处相对静止期的时间较短，断奶至配种前仅有2～3个月的时间。仔麝断乳后，母麝停止泌乳而进入配种前的体质恢复阶段。对参加配种母麝的要求是：能适时发情，有效交配，减少空怀率。决定配种成效的因素较多，如准备配种期，良好的饲养是其中的一个重要因素。麝的配种准备工作对于保证麝群配怀率至关重要。为了使所有母麝麝群都能得到有效的交配，做到全配全孕，要求在8月开始加强对母麝的饲养，使母麝进入配种期仍能保持中等肥度的健康体况。

配种期，母麝在生理上表现为性活动机能不断增强；卵巢中产生成熟的卵子，定期排卵。母麝性腺活动与卵子的生长发育需要蛋白质、矿物质和维生素等。母麝的饲养水平对加快配种进度和提高母麝受胎率有重要影响。在配种期，若母麝体质消瘦、营养不良、日粮中缺乏蛋白质或某些氨基酸会造成母麝发情不正常或停止发情。缺乏维生素A、维生素D、维生素E和矿物质会使母麝发情无规律，甚至不发情，容易流产、妊娠期延长、生产软弱仔麝或死胎等。体况佳、营养良好的母麝群，发情早、性欲旺盛，能提前进入集中交配期，加快配种进度，且营养良好的母麝群受孕率与双胎率都比较高。

配种期饲养上的关键是，保证母麝日粮中有全价的可消化蛋白质和足够的矿物质以及发育上所需要的维生素等。保证了日粮营养，才能保证母麝正常发情、交配，从而确保受孕率和产仔率。母麝保持良好体况，也将为胎儿的良好发育打下基础。

母麝在配种期的饲料和其他各时期的差别不大，但应精心配合日粮，提高饲料的营养价值。配种期母麝日粮组成以容积较大的粗料与多汁饲料和青枝叶饲料为主，精料为辅。精料中有豆饼、黄豆、麦麸和玉米等。母麝的日粮中要给予一定数量的根茎与瓜类的多汁饲料，用量500 g，青干树叶70 ~ 75 g、精饲料100 g、钙2 ~ 4 g、食盐2 g。配种前期，舍饲母麝日喂3次，1次精料，2次粗料，夜间补饲枝叶或其他青干粗饲料。

三、管理

为了使繁殖母麝提早或适时发情，仔麝应按时断奶，进行母仔分群。配种期注意以下问题：

（1）母麝在准备配种期不可过肥，保持中等肥度体况即可，防止不发情和空怀。

（2）注意观察母麝发情情况，及时配种。

（3）加强配种期的管理，防止乱配、配种次数过多和漏配。

（4）配种后，公、母麝及时分群，防止流产。

（5）发现有返情的母麝，应组织重配。

刚交配完的母麝，不能大量饮冷水。母麝的圈舍要固定，不能经常变动，若需调动，应在9月下旬完成调动。患病、体弱的母麝应单独饲养，待恢复后参与配种。配种期必须加强管理，及时更替种公麝防止漏配，同时防止个别种公麝咬斗母麝。

第四节　妊娠期饲养和管理

一、饲养

妊娠期是胎儿在母体内的生长发育阶段。随着胎儿的生长发育，母体子宫发育增大代谢机能加强。妊娠初期，母麝食欲好，体内积蓄大量的能量；妊娠中期，母麝变肥，体重显著增加，毛色光亮，运动小心，行动缓慢；妊娠后期，胎儿生长发育速度快，需要大量的营养物质，使母麝逐渐消瘦。妊娠后期，母麝需补充蛋白质和矿物质饲料以满足自身和胎儿的需要，此期母麝的采食量显著增加。

妊娠初期，胎儿发育缓慢，对营养的需求较小。随着胎儿的发育，表现为母麝的食量增大，利用饲料的能力增强，此期，饲料种类及饲喂量可以不做任何改变，也能满足母麝及胎儿发育的需要。妊娠初期，正是寒冷的冬季，饲草种类少，青绿饲料贫乏，应注意提升母麝体况，每天补饲矿物质饲料4 ~ 6 g，食盐0.5 ~ 1.0 g。

妊娠3个月时，胎儿发育较快，主要是骨骼和肌肉的发育，营养需要显著增加，此时需多喂营养丰富的青绿饲料和适量的多汁饲料。日粮中要有丰富的蛋白质、钙、磷、维生素D等；否则，产下的胎儿发育不全，特别是产仔数超过2头的，更加明显，即营养良好的，3个幼仔大小差异不大，体壮；营养差的，往往仔麝发育不全，第3个产下的仔麝不能站立。

妊娠期母麝的饲养，尤其是妊娠后期母麝的饲养，直接关乎仔麝出生时是否健康、体重是否达标，出生后的生长速度是否正常，同时也关系着分娩后的泌乳量是否充足。妊娠前期，胎儿生长发育的速度缓慢，80%以上的体重是在妊娠后期的2个月内形成的，产前30 ~ 40 d时，胎儿生长最为迅速。随着胎儿体重的增加，母麝所需要的营养物质增多。为满足自身新陈代谢和胎儿生长发育的营养需要，妊娠期的饲料应营养丰富、品质新鲜、适口性强、易于反刍消化。饲喂需定时，粗料每天3次，精料每天1次（每次100 g左右）。每次饲喂量要适当，不宜过多或过少。严禁用发霉、腐烂、露草、霜草和有毒、有刺激性的饲料喂养妊娠期母麝，以免因饲料品质不良造成流产、胚胎吸收或死胎等。此外，草料、水具、饲具等均要保持清洁卫生。

在制定妊娠期母麝日粮时，需考虑饲料的容积，容积不宜过大或过小。妊娠期母麝胃的容积逐渐变小，消化机能逐渐减弱，母麝的日粮应选择体积小、质量佳、适口性强的饲料，日粮应由多种饲料组成，以保证母麝所必需的营养物质。喂给母麝多汁饲料和粗饲料时，必须慎重，防止由于饲料容积过大引起流产。产前1个月，视母麝的体况调整精料饲喂量。如果大量喂饲精料，特别是脂肪含量高的精料，会致使母麝过肥，产道变窄，胎儿不易通过，容易造成难产。母麝过于瘦弱，分娩无力，也易难产。

二、妊娠母麝的管理

配种结束后，需防止种公麝因发情追逐母麝，引起母麝急剧奔跑、碰撞而流产。每圈容纳母麝头数不宜过多，特别是妊娠后期，容易因麝群拥挤而发生流产事故。饲料需放在宽敞的地方，以免因吃饲料拥挤而造成妊娠期损失。母麝妊娠成功后，需保持安静，避免各种声响造成惊扰和骚动。

麝舍内要经常保持清洁干燥，采光良好，垫草应当柔软、干燥，并要定期更换。冬季要及时清扫积雪，防止孕母麝跑动时滑倒。保持安静，严禁追赶、哄打、惊吓。不宜调动妊娠母麝。若调动，不能长时间急剧追抓。调圈的麝不能多，且把调进的麝先放在单圈喂养几天，待习惯单圈环境后再逐渐放在大圈喂养。若将调动的全部放在一起，会因环境生疏而在圈里乱蹦乱跳，引起咬斗，造成流产。

各项管理工作都要精心细致，对妊娠母麝进行调教驯化时一定要注意稳群。有关人员出入圈舍须给信号，防止受惊、炸群，引起流产。为增强母麝的体质与促进其新陈代谢机能，每天最好定时驱赶母麝运动。

妊娠期要保证供给清洁的饮水，最好给温水。饲喂多汁饲料一定要经过洗涤，切碎。

妊娠3个月后，母麝变肥胖，腹部逐渐变大，行动谨慎。但是，应有适当的运动，多晒太阳以增强母麝体质和胎儿发育。产前1～2个月，必须对妊娠母麝进行检查，做好产仔准备。若遇有病及体况不好时，立即治疗，加强饲养管理，使其快速恢复。妊娠末期，根据配种记录、母麝形态等推算出预产期。若出现难产的母麝时应及时进行助产或剖宫产。

第五节 产仔与哺乳期管理

一、母麝哺乳期的饲养

母麝从5月上旬开始陆续产仔，至8月基本完成断奶，平均哺乳期约3个月。哺乳期的饲养管理，包括分娩母麝和仔麝的看管、护理和饲养等工作，这些工作直接关系到仔麝的成活率和生长发育，还关系到母麝的健康。因此，哺乳期的饲养管理非常重要。

这一时期的主要要求是，使妊娠母麝顺利产仔，产仔后能分泌丰富的乳汁，保证仔麝成活和健康生长。母麝在产仔泌乳期的日粮须精心配合。配合日粮要求如下：

（1）日粮中的各种原料按合理的比例搭配；

（2）日粮应品质好、适口性强；

（3）日粮的容积与消化器官的容积相适应；

（4）除喂以良好的枝叶饲料、青草以外，应喂给一定数量的多汁饲料，以增强日粮的适口性，加强乳汁的分泌，改善乳汁的质量。

母麝在泌乳期的饲养，既要考虑母麝本身的营养需要，又要考虑分泌乳汁的营养需要。母麝的乳房在泌乳期6个月重为160～200 g；泌乳期7个月重为236～263 g；泌乳期8个月重为178～190 g：泌乳期9个月重为98～109 g，乳池中蓄乳很少；泌乳期10个月重约77 g，乳池蓄乳甚微。母麝昼夜一般可分泌乳汁150～200 mL，多者可达400 mL以上，麝乳含有36.24%的干物质、11.3%～12.7%的脂肪。根据麝乳的化学成分、泌乳量以及仔麝的生长速度，哺乳期母麝每天需要从饲料中吸收大量的蛋白质、脂肪、矿物质与维生素，用以分泌乳汁。如果体内缺乏形成乳汁的各种营养成分，不仅会降低泌乳量和质量，还会消耗母麝身体内积蓄的营养使母麝体况下降，影响母麝的健康和配种期的正常发情。哺乳期母麝营养需求大，不仅采食量大，需水量也大，采食量可比平时增加15%～25%。

母麝在临产前食量减少，产后需及时喂饲且需提高饲喂量和饲料质量。泌乳母麝的精料日粮中，蛋白质应占60%～75%。粗饲料应以青绿多汁饲料为主。大量饲喂青饲料和多汁饲料，有助于提高乳量和乳质。舍饲母麝在缺少青绿饲料的4—5月上旬，每天应喂给精料130～160 g、青树叶50～70 g、鲜饲料350～380 g、多汁饲料450～500 g、矿物质饲料2～4 g、食盐2～4 g。泌乳期的母麝，5—7月，每头每日喂食量总计1 000～1 300 g。舍饲母麝，每天饲喂3～4次，3次粗料、2次精料、夜间补饲1次粗料。

二、管理

哺乳期的精料需粉碎，根茎类饲料应切碎洗净。夏季阴雨天，饲料易发霉、腐烂，要注意预防和检查。产仔前，做好一切准备工作。

根据预产期，正确判断母麝的分娩时间。产仔期，建立昼夜值班制度，做到圈有人管，麝有人管，人不离舍。根据平时观察情况，针对个别母麝采用个性化管理方法，防止母麝产后扒、咬和伤害仔麝。大多数分娩母麝都非常爱护自己的仔麝，仅个别母性不强的，须注意看管，对刚产出的仔麝更要精心护理。

母麝分娩后，可能会出现以下几种情况：一是泌乳量不足；二是虽能泌乳，但拒绝仔麝哺乳（多为初产母麝或患乳腺炎的母麝）；三是产双胎母麝泌乳量不足或者产出的仔麝体质弱，吃不到初乳。出现上述情况时，均需进行人工哺乳或代乳。

哺乳母麝，应根据其分娩的先后、仔麝性别和月龄分成若干群进行护理。夏季母麝圈舍应特别注意保持卫生，防止有害微生物污染母麝乳房及乳汁，从而引起仔麝发生疾病。

第六节　代养和人工代乳

麝的人工育幼适用于母麝母性不强弃子、产后母麝无乳或乳少、产后母麝重病或死亡、难产等母麝不能完成抚育仔麝的情况，将仔麝分给其他母麝、山羊抚育或人工喂养代乳品。

一、其他母麝代养

初生仔麝因各种原因得不到母麝直接哺乳时，可采取代养措施，以提高仔麝的成活率。代养给产单仔、仔麝个体大小相近、母性好的母麝。方法与助产的活仔麝、野仔麝的代养方法相同，但需注意刚产下的需要代养的仔麝，需立即让母性好的母麝舔舐和哺乳。代养的仔麝7 d内要精心管理，防止出现仔麝吃不上奶和母麝不舐仔麝。根据代养的经验，选择分娩后1～2 d以内的母麝代养仔麝容易获得成功，被代养的仔麝能吃到初乳，有利于其生长和发育，自产仔麝与代养仔麝的日龄、身体强弱等方面大体上接近，哺乳量均衡，发育一致。

仔麝代养方法如下：将欲代养的仔麝送入代养母麝小圈中，如母麝不扒不咬且能嗅舐，即可认为能接受代养，观察仔麝能否吃到乳汁，凡哺过2～3次乳以后，代养算初步成功。代养初期，体弱仔麝哺乳有困难时，须加以人工辅助，并适当控制母麝的自产仔麝哺乳次数与时间，以保证代养仔麝的哺乳量。除细心护理代养仔麝外，对代养母麝也要加强饲养，喂给足量且含有丰富蛋白质的精料和优质粗饲料，以便分泌更多乳汁。在代养过程中，还应注意观察代养母麝泌乳量能否满足仔麝的需要，如仔麝吸乳频繁，哺乳时边吮边顶撞，并且有叫声，哺乳后仔麝腹围变化不大，说明母麝泌乳量不足。出现代养母麝泌乳量不足时，最好另找代养母麝，以免仔麝受到影响，造成仔麝死亡。

二、山羊代哺乳

选择个体小、乳头小、产羔不久的山羊进行代哺乳。一种是人工辅助代哺法，代哺山羊需保定，用大拇指和食指把仔麝的嘴撬开，另一只手把山羊乳头塞到仔麝嘴里，另一人把羊奶挤出，让仔麝舔吃。山羊乳的气味较大，仔麝接受度较低，在仔麝非常饥饿时才勉强接受。另一种是山羊直接代哺法，此种方法可保证乳的温度与山羊体温相同，方法是先将山羊保定，一般横卧在地上，先挤出少量的乳汁放在仔麝口内，待仔麝吞食后再配合仔麝的吮吸，用全握法挤乳，帮助仔麝吃乳，但不能过急，以防误咽。吃时可以摸仔麝的胃部，不能使其吃得太饱，过量哺乳往往会引起消化不良，一般每天喂3～4次即可。经过一段时间代哺后，只要把母羊牵来，仔麝就主动去吃乳，这时只需将山羊两侧后肢保定，呈站立姿势，轻轻协助挤乳，仔麝便可吃乳了，用此法哺乳的仔麝十分温顺，可随母羊放牧出圈。15日龄前，仔麝的消化能力弱，山羊代乳的仔麝哺乳需少量、多次，若一次哺乳过多，会造成消化不良而死亡。一般说来，哺乳吮吸时间不能多于7 min，吃奶时注意观察，若吃上奶，两前蹄就不断踢打乳房，不停地边吃边“么”叫，有吸吮和吞咽动作。

三、人工代乳

人工代乳条件：恶癖麝母性不强，拒绝仔麝哺乳；母麝乳汁不足或不能分泌；仔麝出生后体弱不能站立；母麝一次产2～3只仔麝，乳汁不足或缺乳；母麝分娩后死亡；找不到代养母麝。

人工哺乳的关键是要保证仔麝能吃上初乳。代乳品可以选用商品牛或羊的初乳或与仔麝相应阶段的乳制品饲喂仔麝，调好浓度、温度和供给量人工饲喂。一周内的仔麝隔4～5 h补喂1次，每次5～10 mL；一周以上仔麝隔5～6 h补喂1次，每次10～20 mL，食欲正常后隔8 h喂一次，不断增加饲喂量，每次30～50 mL；第4周增加到每次100 mL左右，并给予鲜嫩喜食树叶；第7周增加到200 mL左右，并给适量精饲料和优质鲜嫩树叶等青绿饲料；8～12周后断奶，让其自由采食。人工代乳时，一手扶住头部，大拇指、食指轻轻分开仔麝嘴唇，无名指挡住后脑部，另一手握住奶瓶（或注射器），以45°左右方向将奶嘴（注射器前软管）送入仔麝口中，不宜过深，让仔麝自由吮吸，如仔麝有摆头、缩头、跳跃等行为时，不能强行饲喂，以便造成噎呛，待安静后，继续饲喂（图5-4）。

人工代乳仔麝需要人工辅助排粪便。在喂乳前或后，用温热的纱布或棉球，在仔麝肛门周围轻擦，直到排出粪便，通常每天2次，直到自主排粪便为止。仔麝随着日龄增长，自主排粪便能力加强，30日龄完全可以自主排粪便。

图5-4 人工代乳

第六章

麝养殖场人员

麝养殖场人员应身体健康，无人畜共患病，并定期进行健康检查，有传染病者不得从事养殖工作。

第一节　兽医、技术员

兽医、技术人员，需要有基本职业素养，遵守饲养场制定的规章制度，精通专业，对所负责的工作任务要明确，做到心中有数。每天对动物发病的临床诊断与治疗需及时，准确记录疾病的发生发展和治疗情况。监督饲养人员对动物的饲养，及时了解林麝的生长状况，并根据掌握的情况进行合理的调整。及时根据饲养场的工作计划，在规定的时间和范围内做好相关的工作，保证计划的顺利实施。定期做好饲养场林麝的疾病预防工作，坚持预防为主，治疗为辅。当饲养场的林麝突发重大疾病时，及时向相关人员报告，并紧急做好疫情的控制，以免造成更大的损失。林麝因病或其他原因死亡，解剖时，需做好麝身体的外部检查和内部检查，采集有关的病理组织，并做好记录。监督饲养员的饲养过程，对出现的问题要及时纠正。做好林麝档案记录，林麝的档案内容包括疾病诊治的处方，病理解剖，饲料配方，种麝及生产用麝的谱系记录，生产性能记录，饲料领用记录等。制定林麝的年度配种计划。

第二节　饲养员

饲养员应具备初级饲养工资格，有卫生防疫部门的“健康合格证”。遵守饲养场制定的规章制度，违反者按制度进行惩罚。爱护动物，不得虐待动物。每天及时向技术人员报告林麝的饲料采食、排粪排尿和精神情况。做好林麝观察记录。积极配合技术人员对林麝的疾病治疗，认真护理患病林麝。饲料加工过程中，本着合理利用和降低成本的原则，不得随意浪费饲料。保证饲料和饮水卫生。日常饲养过程中，粪尿清扫，饲料饮水的更换，圈舍的清扫须认真完成。对技术人员和场内安排的消毒，疾病预防等工作须无条件执行。对每日剩余的物料须按场内规定进行处理。准确填写林麝使用记录表。

第三节　后勤人员

后勤人员负责饲料的采购及药品的存放、生产用具的管理等工作。

收购的干饲料须无杂质，无霉变。干饲料库房须防雨雪，防鼠，防火；有专人管理和发放。每天林麝未采食的饲料须收集，并按规定放置和处理。

药品须专人管理，管理人员具备专业知识，遵纪守法。药品分类有序，毒、麻、易燃易爆化学品专柜存储。药品存储库通风，清洁，防鼠，防潮。药品出入库登记，药品使用须凭处方。定期盘点药品，避免药品短缺和药品过期使用。医用器械根据用途放置，具有实用性和可操作性，完善报废登记和使用记录。要有完整的生产工具登记，领用和报废记录，生产工具定期消毒。劳保用品按场内规定发放，以利生产正常进行。消毒和饲料加工机械定期维护，保证使用。根据生产工具的使用和消耗情况，定时定期提出采购计划，不能影响工作的开展。

第四节　健康检查与着装

兽医、技术人员、饲养员、后勤人员，身体健康，无人畜共患病，每年健康体检一次。统一穿工作服、鞋，便于防疫，不同岗位人员穿不同服装便于管理。

第七章

麝的疾病防治技术

第一节　麝场卫生防疫措施

麝场的卫生防疫工作必须贯彻“预防为主，防重于治，防治结合”的原则，确保麝群健康和提高麝的生产能力。

一、加强饲养管理

麝场应根据林麝的生长发育和繁殖规律，精心配制饲料，使麝获得丰富的营养，保持健康的身体。

二、注意饲料卫生

（1）严禁从疫区采购饲料。

（2）要防止饲料在采集、运输和保管中受到污染。粗饲料要保持干燥、防止受潮霉变。青饲料和青贮饲料要保证新鲜。

（3）饲料要经过加工调制，以提高消化率。籽实类饲料要粉碎浸泡，块根饲料要切碎，秸秆类饲料要铡短或粉碎。夏季浸泡饲料不应超过4 h，以防酸败。

（4）饲料仓库要地势高燥，垛底加垫木，通风良好。做到防鼠、防蚁。

三、保持水质清洁卫生

要保护水源不受污染。饮用水应保持清洁、透明、无味、无色、无病原微生物、寄生虫及寄生虫卵。在雨天地下水位升高时，对井水、泉水等饮用水要进行消毒。夏季供水要充足，冬季应供温水。

四、计划免疫接种

免疫接种，就是给林麝注射疫苗（病毒苗）和菌苗（细菌苗），使麝产生相应抗体，达到预防传染病的目的。在健康麝群中每年应定期进行。如为预防出血性败血症，接种巴氏杆菌菌苗；预防布鲁氏菌病，接种布鲁氏菌菌苗等。在调入调出时，可临时接种破伤风菌苗。对受传染病威胁的麝群，应及时接种相关疫（菌）苗。

五、搞好环境卫生

饲养场要保持清洁卫生，圈舍和运动场要每天清扫1次。饲养用具要固定使用，用后放在固定位置。各舍间不得串换使用，更不能拿到场外使用。清扫的粪便垃圾要堆放在下风方向，远离水源和麝舍。经无害化处理后，方可做肥料。圈舍和运动场要定期消毒。

六、防止人员、动物带进病原

麝场生产区出入门口要设消毒槽和消毒室，进入人员要认真消毒。饲养人员上班要穿工作服和工作鞋。不允许把工作服和工作鞋穿回家，或不穿工作服和工作鞋进入饲养场。严禁饲养人员在家饲养家畜和家禽，同时防止狗、猫等动物进入饲养场。

对新引进的种麝，必须隔离观察30～45 d。无病的方可混群。

第二节　一般诊断治疗技术

一、保定

林麝的保定方法主要有人力保定法、机械保定法、化学保定法以及电力保定法等。人力保定法简便，不需要任何设备，但不安全；机械保定法操作安全，效果好，但耗费人力多，成本较高；化学保定法不受地点限制，不需要设备，但对林麝有一定的危险性；应用高压电、弱电流控制麝，是一种既简便又经济的保定法，但需在必要且人道的前提下使用，尊重动物的基本权利，避免对麝造成不必要的痛苦。

二、消毒

实行无菌操作及防止创伤感染时须进行严格的消毒。

（一）手臂消毒

剪短并磨光指甲，用温肥皂水洗刷，再用0.1%～0.2%苯扎溴铵洗涤，用灭菌纱布擦干，也可用其他消毒液。

（二）器械消毒

将准备好的器械用水煮沸后持续消毒15～20 min即可。药物消毒是将器械放入一定浓度的消毒液中浸泡。

（三）材料消毒

缝合线可采用煮沸消毒法，也可采用75%乙醇或碘伏浸泡。

（四）敷料等棉制品的消毒

纱布块、脱脂棉球、手术衣帽等。可放入金属贮槽内用高压蒸汽消毒法进行高压灭菌。

（五）术部消毒

先剪毛或剃毛，用1%～2%甲酚溶液洗刷，用灭菌纱布擦干，涂擦75%乙醇，涂布5%碘伏，在术前3～5 min再涂布1次碘伏。

三、麻醉

可分为局部麻醉法和全身麻醉法。在局部麻醉下，全身生理的干扰轻微、麻醉的并发症和后遗症少，是一种比较安全的麻醉方法，可用于全身各部位的许多手术。而在做一些大型手术时，也可用全身麻醉法，防止手术过程中出现医疗事故或给手术人员带来危险。

四、投药

（一）口服投药

将内服药溶解、稀释或直接拌于饲料中，但要防止采食药量不均而中毒。

（二）人工灌服

在保定状态下，药物以清水混合溶解后，用带软管的注射器从麝的口角灌服。

（三）皮下注射

凡是易溶解、无强刺激性的药品及菌苗、疫苗等均可做皮下注射。

（四）肌内注射

肌肉富有大量血管结构，因此，药液注入后吸收较快，仅次于静脉注射。

（五）静脉注射

静脉注射法常用于水合氯醛、氯化钙、浓盐水等刺激性强的药液，以及大量的生理盐水、葡萄糖液等。

五、临床检查

（一）询问病史

询问病史可以为检查者提供重要的线索，使临床检查有所侧重。

（1）何时出现病态　由此可知疾病为急性或慢性。疾病处于哪个阶段（前期、中期及后期）。

（2）患病麝头数及死亡状况　相继有多数麝发病并死亡，疑为传染性疾病。

（3）出现何种症状　如食欲减退或拒食，反刍与嗳气停止，饮欲增加，呼吸困难等。

（4）经过何种治疗　例如用驱虫药而出现某些症状，应考虑是否属于驱虫药物中毒等，及时了解有利于进行紧急处理。

（5）日常饲养管理情况　与许多疾病的发生有密切关系。

（二）一般检查

在对麝进行一般检查前，先对其年龄和性别进行了解，然后利用视诊、触诊等方法逐一检查病麝的体况、营养、精神状态、体位及姿势、皮肤及皮下组织、黏膜、体温等。检查时应尽可能排除惊扰和其他妨碍获得正确判断的因素。

1. 呼吸系统检查

麝的呼吸系统疾病较多，检查的内容主要为鼻腔状态、呼吸节律、呼吸类型以及胸部的听诊等。

（1）鼻腔状态　麝在正常情况下，鼻腔黏膜湿润淡红，只有少量无色透明浆液。如上呼吸道有炎症时，鼻黏膜颜色也有发红、发绀、发白、发黄等变化，浆液性鼻液明显增多，炎症症状稍久，鼻液可转为黏液性。

（2）呼吸类型　麝健康时为胸腹式呼吸。在胸腔疾病如气胸、腹膜炎和肺部疾病时，由于胸部运动减弱，而以腹式呼吸为主；在瘤胃麻痹、臌胀、腹水、胸膜炎时，则相反以胸式呼吸为主。

（3）呼吸节律　健康麝的呼吸节律是吸气之后紧接着呼气，每一次呼吸运动之后，稍有休歇、再开始第二次呼吸。每次呼吸之间间隔的时距相等。在病理的情况下，呼吸节律出现异常。

（4）胸部听诊　麝的胸部听诊目的在于检查呼吸器官的活动状态、即根据所出现的声音判断其活动性能与特点。

健康的麝，肺区有轻微柔和的肺泡音，如“忽”的声音。患有肺炎、胸膜炎和肺气肿时，患区由于有渗出物、液体或气体，正常通气量减少，肺泡音减弱以至消失；全身循环障碍，气体代谢明显紊乱，因呼吸困难肺泡音增强。

2. 消化系统检查

麝的消化器官的功能状态，可从其食欲、饮欲、咀嚼、反刍、嗳气、胃肠（尤其是胃）蠕动，以及排粪便的数量加以判定。

（1）食欲　麝为草食动物，对各种青草、树叶和许多植物都爱吃。当发生疾病后，一般情况下表现为食欲减少或废绝；因此，在定时定量饲喂条件下，凡食欲减少或废绝的麝，应视为病态。长期食欲不振，时好时坏，要考虑是否患有慢性疾病，如慢性消化不良与体内寄生虫病等。

（2）饮欲　正常情况下，麝的水代谢处于平衡状态。在病理情况下，饮欲增进多见于伴有发热的疾病、大出汗和腹泻；饮欲减少则见于前胃胀气与积食。

（3）咀嚼与反刍　瘤胃臌胀、前胃弛缓、胃肠炎、腹膜炎、创伤性网胃心包炎，以及一切伴有体温急剧升高的疾病，尤其是传染性疾病时，麝咀嚼与反刍运动常常减弱，以至完全废绝。反刍停止为严重症候，在疾病过程中重新出现反刍，则为良好征兆。

（4）嗳气　嗳气次数减少时，瘤胃内气体的蓄积增多。瘤胃消化障碍、患热性疾病时，嗳气明显减少甚至完全停止。

（5）胃肠状态　瘤胃蠕动减弱或停止时，听诊音减弱或消失。

（6）粪便　检查麝的粪便，注意其形状、硬度、颜色、气味和数量。正常的麝粪不混有血液、黏液、脓液和其他异物。麝在便秘时发生排粪次数及粪量减少，故粪球坚硬，颜色加深，麝排粪困难。便秘常见于慢性消化不良，以及肠道阻塞等疾病。麝在腹泻时，发生排粪次数增多，粪便稀薄，不能成球状。腹泻通常见于胃肠卡他及肠炎。

3. 泌尿系统检查

麝的泌尿系统检查包括肾脏、排尿及尿的性状与尿量等方面。

（1）肾脏检查　麝患急性肾炎时肾区十分敏感，触诊时有疼痛感。

（2）排尿及尿的性状　正常麝尿透明无色或微黄色，呈弱碱性，哺乳仔麝的尿液则呈弱酸性。发热、剧烈腹泻及广泛水肿等情况下可见麝的排尿次数减少，尿量减少，色泽转为深褐色。

4. 心脏血管系统检查

（1）心脏　麝正常的心音包括两个连续的声音：第一心音长而低沉，

为心室收缩音是由于心脏房室瓣的关闭和心室的收缩所发；第二心音短而清晰。第一心音与第二心音互相接近，间歇不明显，两个心音构成一个心动周期。第二心音与下一个心动周期的第一心音有明显的较长时间间歇。

（2）心搏过速　最常见于发热。由于神经兴奋，心率明显增加。

（3）心音减弱　在许多情况下为心脏衰弱症候。常发生于严重疾病特别是传染病时，使心音的传导发生障碍。

（4）动脉　正常时麝的脉搏频率与心跳一致。在心脏机能衰弱时，频率增加，出现频脉弱，且持续时间较久。临床上稀脉较为少见。

（5）静脉　病理情况下皮下静脉的怒张，表明静脉血液回流障碍，发生静脉充血。此常见慢性肺气肿、右心疾病、心包疾病导致的静脉回流困难、静脉压升高和瘤胃臌胀等。

第三节　林麝常见疾病的诊疗

一、胎衣不下

（一）病因

多继发于布鲁氏杆菌病。另外，非传染性因素引起麝的胎衣不下也比较常见，其中包括年老、过度肥胖、胎儿过大和妊娠期间运动不足等。

（二）症状

临床上可见呈带状或束状的胎衣从患麝的外生殖器突出，并下垂到膝关节。暴露于外界的胎衣很快发生腐败，散发一种恶臭的气味，并且呈现污秽的暗褐色。母麝则表现为体温上升，鼻镜干燥，精神沉郁，垂耳，拒食或食欲减弱，反刍减弱，甚至停止。泌乳活动大大降低，有的母麝不愿对娩出的仔麝哺乳。

（三）治疗

发现母麝产后24 h之内胎衣不下时，应及早采取措施。保守疗法为皮下注射垂体后叶素以加强林麝子宫收缩，促进胎衣娩出。母麝皮下注射量为5个单位。同时内服硫酸钠或硫酸镁250～300 g，或静脉注射15%氯化钠溶液150～200 mL。在母麝分娩过程中，胎儿脐带是自行断裂的，但胎衣脐带的断端有时会封闭起来。胎盘的血液不能排出，胎盘体积膨大，更造成胎衣排出困难，此种情况下，如剪断胎衣脐带断端血管，使积聚于胎盘的血液迅速疏出，有助于胎衣的排出。此法可作为辅助疗法的一种手段。

二、食道梗塞

林麝的食道梗塞是由于饲料堵塞于食道而导致吞咽障碍的疾病，本病多发于公麝。

（一）病因

麝因饥饿争食，仓促吞食了大块坚硬的饲料或误食异物如煤灰渣、毛团等而发病。

（二）症状

林麝的食道梗塞通常是急速发生的，于采食过程中突然出现症状。采食停止，骚动不安，摇头，咳嗽，频频呕吐，表现为腹肌强烈收缩，伸颈和张口（但无呕吐物），从口腔内越来越多地流出带有泡沫的唾液。由于食道梗塞，嗳气困难，继发瘤胃臌胀，横膈膜前移，胸腔容积减少，引起肺活量下降，出现呼吸困难。严重的食道黏膜充血、出血、水肿与坏死。最后死于窒息和食道穿孔所引起的胸腔感染。

（三）诊断

颈部食道梗塞，触诊食道，可摸到梗塞部，并有疼痛反应，胸部食道梗塞，因梗塞部上方食道积满唾液，触压有轻微波动感。食道探诊时，胃管插至梗塞部有抵抗感觉，推进困难，病麝表现出剧烈疼痛状。

（四）治疗

排除食道内的饲料或异物为主要目的。梗塞物如在咽喉食道，在保定后张开麝的口腔即可发现；梗塞物如在颈部食道时，于左侧颈沟常可发现膨大梗塞物。将患麝保定后，从口腔灌入加有鸡蛋白的植物油100～150 mL，以保持食道内润滑状态，并可灌入3%～5%普鲁卡因20～25 mL，以防止食道痉挛，然后沿左颈沟皮肤将梗塞物缓慢地向口腔方向推动，再从口内将梗塞物取出。如取出困难，可用胶管通入食道内向下慢慢压挤，并同时用手在颈外轻轻协助动作，将梗塞物推入胃内。

在梗塞物查明为块根一类饲料时，于梗塞部位施加热敷或按摩，以使饲料慢慢地软化并易于后移，以达到消除梗塞症状的目的。或皮下注射3%毛果芸香碱，成年麝可用3 mL，不久即见动物流涎或轻微咳嗽，甚至出现吞咽动作。由于大量的唾液吞咽后能增加食道的滑润度，以及食道的蠕动增加，1～2 h之内能自行解除梗塞现象而康复。以上疗法无效时，可切开食道，取出梗塞物。

三、瘤胃积食

瘤胃积食是林麝的常见疾病。主要为瘤胃充满异常多的饲料后，瘤胃的容积急剧增大，胃壁扩展而紧张，失去其固有的生理蠕动机能，陷于麻痹状态，引起饲料停滞的疾病。

（一）病因

主要原因是饲料吃得过多，特别是粗纤维多、体积大而不好消化的饲料。麝喜欢青割大豆，有的麝场曾有麝贪食异常多量的青割大豆后而发本症。此外，采食容易膨胀的大豆后又大量地饮水，饥饿后过量地喂饲，吃干饲料后饮水不足，饲料变换急剧等，也是瘤胃积食的原因。有时前胃弛缓，瓣胃阻塞，真胃移位等，也可继发瘤胃积食。

（二）症状

本病发生于大量采食后不久，病麝腹部容积显著增大，左侧肷窝充满，甚至突出，屡作伸腰姿势，头频频后顾或呆然凝立，自动地把前体放在高处。精神沉郁，吸气，反刍明显减少以至停止。鼻镜干燥，病麝低头，垂耳。不注意周围事物。呼吸困难，急速而浅表，目光迟钝，眼球凸出，黏膜发绀，脉搏加快，体温一般正常。

触诊瘤胃坚实，按压后留痕，恢复较慢。叩诊瘤胃时，呈浊音；但若产生气体时，上方发鼓音。听诊瘤胃时，蠕动音初期强盛，以后逐渐减弱或消失。食欲减退或完全不吃，有时产生恶臭的嗳气，呕吐及不安。

（三）诊断

本病症状特别明显，故易于诊断。采食大量饲料后发病，腹部膨大，尤其是左侧明显。触诊瘤胃坚实，叩诊呈浊音。临床上本病须与瘤胃臌胀作鉴别诊断。瘤胃臌胀触诊时胃壁紧张且有弹性，不留压痕；瘤胃积食则相反，胃部坚实而少弹性，压痕经久不去。叩诊瘤胃臌胀呈鼓音；瘤胃积食呈浊音。瘤胃穿刺时瘤胃臌胀能放出很多的气体，腹围显著缩小，瘤胃积食则不能放出多少气体且常常排出泡沫性液体，腹围变化也不显著。

（四）治疗

在病初的1～2 d可采用饥饿疗法，但必须经常给予少量的饮水，每天不得少于6～8次（如瘤胃已产生大量气体，则要限制饮水）。病麝恢复后数日内，亦不要给予粗硬的饲料，可喂给少量的青绿多汁饲料，然后逐渐恢复正常的饲养。

在实行上述措施的同时，还可内服促进瘤胃运动的药物。如内服硫酸钠50～100 g，酒石酸锑钾0.2～2.0 g，溶解于250～500 mL水中，1次内服（病麝全身衰弱及有胃肠炎时，禁用酒石酸锑钾）；也可用液体石蜡150 g，温水200 mL，1次内服；或用毒扁豆碱1～20 mg溶于20 mL蒸馏水内，皮下注射；或用毛果芸香碱10～50 mg溶于20 mL蒸馏水内皮下注射；或用藜芦素1～5 mg溶于5～10 mL酒精中，皮下注射。以上药物都可使消化道分泌物增加、促进瘤胃蠕动，但妊娠母麝应禁忌使用；心脏衰弱或肺瘀血时，不要用毛果芸香碱；若并发瘤胃臌胀时，则禁忌用毒扁豆碱。静脉注射10%氯化钠溶液50～100 mL，治疗瘤胃积食也有很好的效果。心脏衰弱时，可皮下注射樟脑油或咖啡因等强心剂。若上述疗法无效而病麝的病情逐渐恶化时，可施行瘤胃切开术，取出瘤胃内的积食。

四、急性瘤胃臌胀

瘤胃臌胀是采食了大量易发酵的饲料，迅速产生大量气体，而引起瘤胃急剧臌胀的疾病。

（一）病因

本病发生原因是一时采食大量易于发酵的饲料，瘤胃内迅速产生大量气体而排气发生障碍所致。本病常见于经过较长时间的干草期或长期饲料不足之后，突然喂以大量青草、豆科植物、葛藤、豆饼，或多汁块根饲料如甜菜、甘薯以及浸泡过久的黄豆或豆饼、豆腐渣后发生。有时饲喂堆积发热的饲料也会发生。此外，在食道梗塞、瘤胃积食时，可继发本病。

（二）症状

本病多出现于进食数小时后，病情发展十分迅速明显症状为腰围急速增大，麝采食、反刍与嗳气完全停止。

病麝弓背、举后、烦躁不安。临床检查时见腹部臌大，尤以左腹为甚，左侧肷窝因瘤胃臌胀而突出，可视黏膜发绀，眼角膜充血，血管怒张，眼球凸出。触诊腹壁紧张并有弹性，以拳压不留痕迹。叩诊时瘤胃部呈现高亢的鼓音。听诊瘤胃蠕动，病初增强、以后逐渐减弱或完全停止。呼吸频率随病情的恶化而不断增加，每分钟可达60～100次，常见张口伸舌，呈现喘气状态。听诊心脏，心搏频率明显增加，每分钟可达120～150次，两心音几乎不可分，呼吸音粗粝。一般体温正常或稍高。

（三）治疗

急性瘤胃臌胀的治疗原则在于迅速排出瘤胃内气体，制止胃内容物继续发酵产气，并恢复瘤胃的正常运动机能，必要时可服用强心剂以改善心脏机能状态。

为了排出瘤胃内气体及制止气体继续发酵，在保定麝后采取前躯高位起立姿势。人工反复按摩瘤胃，以促进气体经口排出，同时给予鱼石脂6 ~ 8 g或福尔马林6 ~ 8 mL，以温水调服。

当腹部显著臌大、呼吸高度困难的危急病例，应进行瘤胃穿刺，放出气体后可向瘤胃内注入制酵剂。一般用套管针（用粗大注射用针头代替亦可）于左肷部髋结节与最后肋骨的中点，距腰椎横突10 ~ 12 cm处，将针与皮肤垂直穿刺腹壁直达于瘤胃内，左手固定套管，右手拔出针芯，则气体即可排出。在放气时，切忌一气放完，应该间断放气，以免腹压突然下降而导致急性脑贫血，引起虚脱。放气完毕，注入制酵剂，要拔出套管针时，应事先插入针芯，并一手紧压腹壁，一手迅速拔针，以防胃内容物外溢造成腹膜感染。每日静脉注射5%葡萄糖生理盐水或复方生理盐水100 ~ 200 mL，以维持体内水分及电解质的平衡。

五、前胃弛缓

前胃弛缓是麝的瘤胃、网胃和瓣胃运动机能减弱，导致消化紊乱的疾病。

（一）病因

主要是饲料配合不当与饲养失常所致。例如长期饲料单一、精料过多与植物性纤维缺乏、运动不足，致使前胃蠕动伸缩逐渐减弱。一旦改变饲料种类，便加剧弛缓症状。圈养麝发生本病较放牧的多。

前胃迟缓以慢性病例比较多见，并且常具顽固持久特征。患麝主要表现为食欲不振、倦怠，逐渐消瘦，反刍活动渐次减弱。有时出现异嗜和磨牙症状。瘤胃蠕动减弱和次数减少，触诊时感觉瘤胃下部较硬实，内有较多的内容物充斥；叩诊浊音；上部则往往充气，左肷隆起，叩诊鼓音。动物不断嗳气。一般肠音减弱或沉寂。排粪次数减少。常有便秘，粪便不下并呈黑色，外被黏液。在并发肠炎时，可见下痢，排恶臭粪便。

（二）治疗

林麝前胃弛缓的治疗原则，着重改善饲养管理，排除病因，增强神经体液调节机能，依照强脾、健胃、防腐、止酵、消导、强心、防止脱水和自体中毒的综合措施，进行治疗。

（1）改善饲养管理，合理搭配优质、多样饲料。

（2）兴奋副交感神经恢复神经体液调节机能，促进瘤胃蠕动，可用氨甲酰胆碱、新斯的明、毛果芸香碱等。

（3）防腐止酵可用鱼石脂，酒精常与水混合液内服。

（4）促进反刍：用5%氯化钠溶液30 mL，5%氯化钙溶液30 mL，安钠咖1 g静脉注射。

（5）调节瘤胃内容物pH值：恢复微生物群系的活性及其共生关系增进前胃消化功能。当瘤胃内容物pH值降低时，宜用氧化镁20 ~ 40 g并用碳酸氢钠5 g，一次内服。

六、胃肠炎

胃肠炎是林麝广泛发生的疾病之一。在雨季及潮湿环境尤其多见。本病以胃肠道深层组织发生炎症为特征。

（一）病因

饲喂发霉、腐败、被泥土或其他异物污染的青干饲料，饮不洁水，喂饲不当如饲料突变、过食、饥饿等；继发性胃肠炎，最多见急性胃肠卡他、瘤胃积食、瘤胃臌胀等病的过程中。

（二）症状

林麝的胃肠炎病程较短，通常经过急速。其病程短则2 ~ 3 d，最长不超过5 ~ 7 d。如不及时处理，常以死亡告终。临床症状为精神沉郁，鼻镜有时干燥，如胃炎显著，则肠鸣音减弱，可能发生便秘，如肠炎显著，则肠蠕动亢进，初期有暂时性便秘，而后开始腹泻，大便有大量黏液。后期，动物眼眶凹陷，腹围紧缩，继则起立困难，最后完全不能起立，反刍停止。在患病初期多便秘、随着病情的发展，粪团除混有黏液外，并见血液、假膜以及坏死组织，味恶臭；后期转为下痢，排出稠状恶臭污秽色粪便，此时患麝完全拒食，但饮欲增加，精神极度疲惫。

（三）治疗

1. 杀菌消炎

杀菌消炎是胃肠炎的根本疗法，应贯穿整个病程，适用各种病型。一般可内服痢特灵，用量为0.5 ~ 1.0 g，每日1次；或内服黄连素，每次1 ~ 2 g，每日1次，或内服呋喃西林，每次0.5 ~ 1.0 g，每日1次；或内服磺胺脒，每次1.0 ~ 1.5 g，每日1次。大蒜50 g捣成泥状，加水500 mL，放入饮水中，现用现配。

2. 缓泻

常用药物是硫酸钠5 ~ 10 g，或人工盐或食盐20 ~ 25 g，加克辽林或鱼石脂8 ~ 10 g，温水50 ~ 100 mL，1次内服。对胃肠已经陷于弛缓的重症病例，可用无刺激的油类泻剂，如液状石蜡50 ~ 100 mL，1次灌服。

3. 止泻

积滞的粪便已基本排出，粪的臭味不大而仍腹泻不止时，用木炭末5 ~ 10 g，水50 ~ 100 mL，制成悬浮液灌服；或炒米粉适量，用开水冲成糊状灌服；或鞣酸白3 g、次硝酸铋1 g、碳酸氢钠4 g、淀粉浆50 mL，1次灌服。

七、脱毛症

（一）病因

日粮中缺乏B族维生素，机体代谢失调所致。

（二）症状

在10—11月冬毛成熟前，或在3—4月繁殖期，发现有的被毛成片脱落，重的全身裸露，精神、采食方面未见异常。

（三）治疗

每天给病麝投喂1片肌醇、1片维生素B_2，连续给药2周，即可长出新毛。

八、食毛症

（一）病因

主要是因为饲料单一，长期缺乏必要的微量元素和维生素，引起麝代谢紊乱、消化机能障碍而发病。

（二）症状

多见于冬季。病麝起初表现为舔墙、舔异物与粪便等。随着病情的发展，病麝还会舔食自身的被毛，严重时病麝身体的大部分被毛都被吃掉以致身体裸露。有的病麝所食的体毛，蓄积在瘤胃中，并逐渐形成毛团，堵塞消化道，引起消化不良，表现为食欲减退或废绝，反刍缓慢或停止，最后衰竭死亡。

（三）防治

硫酸亚铁0.3 g×3粒，复合维生素B 3 g×3粒，2次/d，服3～5 d；如有消化不良现象，服用酵母片2～4 g，苏打片2～4 g，硫酸钠2 g，1次/d，服3～5 d。合理搭配饲料，使饲料多样化，并注意在饲料中添加微量元素和维生素。同时设法增加麝的运动量，以增强体质。

九、仔麝佝偻病

仔麝佝偻病是仔麝在生长发育期中，因维生素D不足，钙、磷代谢障碍而引起的一种骨变形的疾病。本病常见于冬末春初季节，并多发于深秋出生的仔麝。佝偻病为幼龄麝钙磷代谢障碍，致使骨质软化、变形的一种疾病。

（一）病因

主要由于母麝缺乏维生素D，致使乳内含量也少。其原因主要是饲料中维生素D和钙、磷不足或钙、磷比例失调，缺乏在日光下的适当运动。消化不良及内分泌紊乱，也可使本病发生。

（二）症状

初期呈现发育迟缓，生长停滞，精神不振，不爱运动，喜卧。后期骨端变大，前肢多呈“X”或“O”字形，运动困难。

（三）治疗

哺乳仔麝应首先变换母麝的饲料，喂给维生素D丰富的饲料，或给母麝吃鱼肝油。离乳仔麝喂给多汁青绿饲料、胡萝卜等含有维生素D的饲料，或喂以富含维生素D和脂肪比率高的奶粉，都有较好的效果。

十、仔麝下痢

由消化不良和大肠杆菌引起的腹泻综合征，是仔麝死亡较高的疾病之一。

（一）病因

主要是圈养卫生或人工喂奶用具不洁感染大肠杆菌等引起；也可能因捕捉受惊引起应激反应，发生消化不良，继发胃肠炎而泻痢。

（二）症状

粪便稀软或稀薄，甚至水泻，其肛部的被毛粘有粪便或其卧迹处有遗便，并伴有恶臭。精神萎靡，活动减少，如不及时治疗，极易造成死亡。

（三）治疗

①石蜡油10 ~ 15 mL、土霉素0.2 ~ 0.3 g、酵母片1 ~ 2 g，灌服，适用于疾病初期。②口服甘农大泻速宁1 ~ 2 g、病特灵0.1 ~ 0.2 g，或磺胺脒0.5 ~ 1.0 g、次碳酸铋0.5 ~ 1.0 g，严重的肌注链霉素50万单位/次。③复方黄连素0.5 ~ 1.0 g、诺氟沙星0.2 ~ 0.3 g、酵母片2 ~ 3 g，混合口服，一日3次，连服2 ~ 3 d。④肌注庆大霉素（以儿童标准根据体重确定剂量），2 ~ 3 mL/d，连续注射3 d。

十一、应激性疾病

（一）病因

在捕捉、环境改变或受到其他强烈刺激产生的抗逆反应所引起的疾病。

（二）症状

严重不安，挣扎欲逃；有的急促呼叫，四肢不断踢蹬；呼吸急促，鼻黏膜干燥；急性发作往往1～2 h后全身抽搐，来不及救治。

（三）防治

当幼麝发生应激性反应时，应立即停止抓捕，将幼麝平放，保持安静，20 min左右，动物会自动恢复正常。对从野外捕捉来的野麝，或需取香或捕捉治病的采用①氯丙嗪（1～2 mg/kg）肌注，之后服饮美国“速捕必”，连续3天；②苯巴比妥2粒，粉碎后用油调成糊状，涂抹于嘴唇，让其舔食；③也可用5～10 mL 0.4%麝香口服。麝香水也曾用于治疗仔麝疾病。

十二、脓肿病

林麝化脓性疾病是圈养林麝的主要病害之一。从多年流行情况来看，患与化脓相关疾病的林麝在所有病麝中占50%以上；而在因病死亡的林麝中，与化脓有关的占总数的50%以上。由此可见，化脓性疾病对养麝业的影响是很大的。

林麝化脓性疾病是多病原、多病因的一类疾病。这些脓肿中可分离出诸如绿脓杆菌、金黄葡萄球菌、棒状杆菌、放线菌等多种病原菌；但也有的病例在脓肿中分离不出这类细菌，因而也不能排除因病毒、寄生虫的侵入或因组织病变、坏死而引起脓肿的可能。这些脓肿中的脓液色泽也各不相同，有的呈黄色，有的呈绿色，有的呈白色或灰白色，还有呈黑色的；脓液也是有的稀、有的稠，有的呈干酪状。所有这些，都说明了这类疾病的病源、病因的复杂性。

林麝化脓性疾病呈散发状。在同一圈舍中，即使有个别林麝患病，其他林麝也大多并不因此而被感染；因而我们认为其一般不具传染性。这种病全年都可发生，但夏、秋季节发病率高于冬、春季节，尤其是体表脓肿，其季节差异尤为明显。

1. 体表脓肿

（1）症状。病麝身体表皮下发生化脓性肿胀，患病初期患处局部红肿，触摸时较周围组织硬，病麝对触摸反应强烈，似有痛感；后逐渐隆起、变软，内充脓汁，形成脓肿。

（2）病因。这类化脓性疾病多由外伤或侵袭性生物蚊、虻、蜱、螨等叮咬造成局部感染所致，那些能导致疱疹的病毒感染、某些能穿透皮肤侵入体内的寄生虫、病原微生物等均可导致这类化脓性疾病的发生。该病全身各处均有发生，例如皮下、蹄冠、鼻镜甚至眼球等处的化脓性病变。

（3）治疗。这类化脓性病变大多数能治愈，一般不留后遗症；少数病例可因继发全身感染而导致败血症死亡。一般治疗方法为：在发病初期尚未化脓时，可除去患处被毛，消炎抗菌药膏涂敷患处，1天数次，大多可以治愈；如果脓肿已开始形成，可在患处涂敷鱼石脂软膏等消炎抗菌药膏，防止病灶扩大；待脓肿形成并发育成熟后（肿处变软，按压内有流汁），切开引流，排净脓后，用消炎抗菌药液清洗患处，1日数次，同时口服（肌内注射）适量抗菌药物，一般也能治愈。

2. 体内脓肿

常见的体内脓肿有脏器脓肿、肌肉脓肿和骨骼脓肿等。

（1）症状。脏器脓肿全部是在剖检死亡的林麝时发现的；有的病麝在死亡前看不出有患病的症状。有的仅有一些轻微反应。肌肉脓肿如果发生在近体表处，可发现患处有包块，扣之有异样感觉；而深层肌肉脓肿大多也是解剖病死林麝时发现的，其生前反应也不明显；骨骼脓肿则多发生在四肢骨髓较多的骨骼中，患肢明显跛行。

（2）病因。这类病麝的部分脓肿中曾找到过前述的病原微生物，也有相当一部分病例在脓肿中分离不出微生物。因而我们推测有可能是病毒、寄生虫感染或组织病变、坏死而引发的脓肿。由于肺、肝都有通道和外界相通，且它们又是一些寄生虫的活动通道或最终寄生处，因而肝、肺是脓肿多发处。引发脓肿的确切原因，目前尚不清楚。骨髓脓肿则是由于骨损伤所致。

（3）治疗。接近体表的肌肉脓肿，治疗方法同体表脓肿。骨髓脓肿可用药物治疗。但由于药力不易深入，疗效不理想，最终大多以切除患病部位解决。脏器和深层肌肉脓肿，因其全部为病死林麝解剖时所发现，目前还谈不上具体的治疗方法。对于体内脓肿，我们认为目前首先要解决的是诊断问题，这可用B超、X光机等来检测，并确立一套有效的诊断方法。在所有的化脓性疾病中，体内脓肿对林麝的危害最大，在因化脓性疾病而死亡的林麝中，它们要占50%以上。因此，尽快找到体内脓肿的诊断、防治方法，是当前面临的一个紧迫的任务。

（4）预防。要彻底地消灭林麝化脓性疾病的发生和死亡，必须做到以下5点：

①养麝场地、圈舍等必须定期消毒，最好使用2～3种药物轮换消毒。

②必须注意和保持用具、饲料、饮水等的清洁卫生，定期严格消毒处理。

③必须认真坚持每年春秋两季定期驱除体内外寄生虫。

④必须定期注射相关疫苗和投喂预防性药物，防止传染病和季节性多发病的发生。

⑤饲养人员必须高度负责，加强管理，科学饲喂，做到勤观察、勤检查、早发现、早报告早治疗。一旦发生疫情兽医技术人员应及时予以对症治疗，增强机体抵抗能力，防止化脓性疾病的发生。

十三、难产

难产则是母体在分娩胎儿过程中，不能顺利将胎儿娩出，难产可能造成母体生殖器官的某些病变，严重者可危及胎儿或母子的生命安全，林麝难产发生率一般可占到3%左右。

（一）病因

（1）饲料搭配不当引起的营养不良、疾病、疲劳、老龄、过肥、运动不足、母麝过早配种和分娩时外界因素的干扰等，均可引起分娩力、子宫阵缩和腹部努责力减弱或不足，引发难产。此外，由于不适时地给予子宫收缩剂也可引发难产。

（2）先天性骨盆狭窄、骨折或子宫颈、阴道和外阴的瘢痕、粘连和肿瘤以及发育不良等均可造成产道狭窄或变形而造成产道异常，从而引发难产。

（3）先天性胎儿活力不足、新生胎儿畸形、胎儿过大、胎儿死亡或胎位（胎儿背部与母体背部或腹部的关系）的下位和侧位、胎势（胎儿各部分间的关系）的胎头弯曲、关节屈曲等以及胎向（胎儿身体轴与母体纵轴的关系）的横向或竖向都可导致林麝难产的发生。

（二）症状

怀孕母麝临产前不断阵缩、努责、伴随羊水流出、心神不安等表现，但不见胎儿产出。有时怀孕母麝焦躁不安，来回走动，不断起卧，少数偶尔发出轻微呻吟声，超过2 h还未见胎儿产出或排出胎盘者，可能会发生难产。对于怀有双胎（一般肚子两边鼓双胎，中间鼓单胎）的母麝，由于各种因素的影响，使得产程较长，造成阵缩和努责减弱而往往易造成难以继续产仔或胎死腹中的情况。

（三）治疗

根据配种记录预测妊娠林麝的产期。在产前3 ~ 7 d可将林麝单独关在事先经消毒、清理和垫草等处理的产房内，使其适应产房环境。有经验者，可依据林麝产前行为、乳房、阴部等的一些特征性变化及时进行单养，单养林麝不可过早也不可过晚。林麝难产的助产方法必须依具体情况而定。另外，麝场在每年产仔期前，必须备有相应的催产（催产素、麦角、麦角新碱和益母草等）、消毒（新洁尔灭、高锰酸钾和碘伏等）、麻醉、润滑等药物和产科器械。另外，在确定难产和采取助产措施前，应详细询问病史和做好术前检查等辅助工作。

（1）对于先天性的产道疾病，一般可采取剖宫产手术；对于子宫颈狭窄的母麝，一般可用经消毒过的产科绳系住胎儿的前肢或后肢，也可用消毒后的手牵引胎儿的前肢或后肢，随着产麝努责，在检查子宫颈管的同时，逐渐牵引，将胎儿逐渐拉出；也可将溶有2～5 g的土霉素溶液200～800 mL灌注子宫腔内，或给子宫颈注射5%～10%可卡因溶液，或用手扩张子宫颈，将胎儿强行拉出。

（2）对于各种原因造成的产力异常情况，可肌内或皮下注射催产素5～30单位，另外，助产者可根据实际情况，采取必要的助产措施，如可将消毒后的手指伸入产道，抓住胎儿的头部或前肢，借助母麝阵缩将胎儿拉出。

（3）对于因胎儿异常（胎儿活力不强、胎儿过大、初产、胎儿头部弯曲、部分肢体前置和胎位不正等）引发的难产（这种情况较为多见），情况比较复杂，相应的助产措施也应视情况而定，如对于胎儿活力不强、胎儿过大和初产等，一般在助产时先局部消毒，给产道灌注润滑油（经灭菌的植物油或石蜡油等）后，将胎儿强行拉出；对于胎儿头部弯曲、部分肢体前置和胎位不正等引发的难产，一般先要用手或必要的产科器械将胎儿在回推入子宫的同时，对胎位或前置部位进行矫正后，随着阵缩将胎儿逐渐拉出。对于部分肢体前置再采取各种方法未能矫正者可对胎儿施行截肢或对母麝进行剖宫产手术。

十四、感冒

感冒是一种常见的急性上呼吸道感染性疾病。

（一）病因

由细菌、病毒感染引起。

（二）症状

浆液或黏液性卡它、喷嚏、咳嗽、精神沉郁、体温升高、鼻镜干燥，食欲下降或废绝。四季均发，季节更替气候骤变时、环境污秽潮湿多发、仔麝多发。

（三）治疗

对症治疗、解热镇痛。扑尔敏、阿司匹林、氨酚烷胺类与病毒灵类、板蓝根、柴胡类药物、维生素类药物口服或注射；仔麝病程发展较快时可选用庆大霉素、卡那霉素或青霉素类进行抗菌治疗，防止继发肺炎。连用3～7 d直至症状消失。防寒保暖，环境清洁干燥；饲喂幼嫩优质食物。

（四）预防

技术、管理人员密切关注天气预报，即将开始阴雨连绵或骤然降温前，提前做好防寒保暖措施；在饲料中添加板蓝根、穿心莲等清热解毒药物预防，连用3 d。

十五、肺炎

林麝肺炎是近年临床高发的常见疾病，致死率很高，给林麝养殖业造成了很大的损失。

（一）病因

林麝肺部感染，包括淋侵肺拟杆菌、巴管隐球菌、脓性棒状杆菌、绿脓杆菌、金黄色葡萄球菌、棒状杆菌、放线菌、大肠杆菌等多种病原菌均可引起本病。有时强制性灌药偶然也会引发异物性肺炎。

（二）症状

体温升高，精神不振，呼吸急促。严重时，病麝表现为呼吸时伴有声响，鼻镜干燥，流浆性鼻液，食欲减退，短咳，肺脏化脓，偶见肝脏肿大为主要特征。

（三）防治

加强护理，及时用大剂量青链霉素+硫酸丁胺卡那霉素肌注，并口服四环素、健脾糕及复合维生素B和维生素C配合治疗。使用清热解毒及止咳祛痰的中成药配合治疗有利于本病的痊愈。本病的预防应从管理方面着手，圈舍必须保持经常性清洁、干燥和通风良好，但须防止劲风直吹。

十六、肠毒血症

（一）病因

又名软肾病，为D型魏氏梭菌在肠内大量繁殖产生毒素而引起。

（二）症状

饲养管理及饲料调配不当可促进发病。多发生于2～6月龄肥壮仔麝。常不见症状或仅见精神沉郁，次晨已死于圈内。剖检最大特征为肾苍白，质软如泥状。

（三）治疗

疫苗预防为主。每年定期给仔麝接种“羊梭菌三联苗”或“羊梭菌五联苗”。饲料中蛋白不宜过高，限饲精料。如发现病麝可用磺胺脒、氯霉素治疗。

（四）护理要点

供给新鲜饲料，保证清洁饮水，加强环境卫生、消毒，防止传染。

十七、尿结石

（一）病因

长期饮用偏碱及矿物含量较高的硬水；炎热季节，大量排汗，饮水不足，尿浓缩致盐浓度过高；尿路感染，阻塞，炎性产物聚积均可促成尿石。

（二）症状

本病多见于夏秋季，仔麝发生比例高于成年麝，公麝易发病。常见排尿困难、少尿或无尿、尿的性状改变、腹痛不安，拱背举尾，频尿、尿中有细砂样沉淀。

局部或全身水肿、食欲改变、爬卧不动、呻吟等。触诊膀胱充盈，如膀胱破裂，症状可突然消失，但膀胱排空，腹围增大及穿刺腹水，后期皮下水肿并迅速扩散至全身，触之如水袋，3～5 d死亡。

（三）治疗

及早发现、消除病因。膀胱穿刺抽尿并向膀胱内注入稀盐酸20 mL。乌洛托品、磺胺对甲氧嘧啶及小苏打混料口服，配合使用地塞米松。严重尿石症或并发膀胱破裂时应手术排出结石，修补膀胱。

平时供给充足饮水，调节饮水pH值及日粮钙、磷比例，及时治疗尿路炎症。用磁化水作饮水及调制饲料或在3—5月易发养殖场连续3～5 d稀盐酸配制饮水，对本病有预防作用。

十八、生殖道炎症

（一）症状

外生殖器发炎、肿胀；生殖道流出异常分泌物或排脓；炎症严重时发生食欲改变，引发败血症死亡。

（二）治疗

冲洗、清理生殖器官，局部给药与全身给药结合。彻底冲洗、抗菌消炎。阴茎不同位置肿胀感染治疗较为困难，严重坏死时只有切除灶口。

母麝用导尿管向子宫或阴道灌注甲硝唑、0.1%高锰酸钾等反复冲洗干净，植入抗菌药物；全身抗菌消炎，可选用催产素等促使子宫收缩、排脓。

避免公麝腹部受到撞击；人工取香时注意保护尿道口，仔细消毒；人工助产注意把握时机，不能强行拉拽并注意消毒防腐；施行剖宫产手术严格无菌操作，清理彻底；产后饲喂益母草等药物。

十九、莫尼茨绦虫病

（一）病原学

裸头科（*Anoplocephalidae*）莫尼茨属（*Moniezia*）的四川莫尼茨绦虫（*Moniezia* Sp. *sichuanensis*）。绦虫新鲜虫体呈白色或黄白色，带状，长度差异很大，45 ~ 116 cm，感染强度大时，则虫体相对较短。

（二）流行病学

四川莫尼茨绦虫主要侵袭仔麝，仔麝感染率可高达100%，致死率可达50%；而成年麝的易感性较低，感染率只有百分之几，一般不引起成麝死亡。仔麝四川莫尼茨绦虫感染以8—9月感染率为最高。大翼甲螨是中间宿主。

（三）症状

仔麝感染四川莫尼茨绦虫后，逐渐消瘦，被毛枯黄、粗乱无光泽，精神沉郁，可视黏膜苍白，粪便稀软不呈颗粒状，或颗粒状粪便与稀软粪便交替出现，部分粪便中混杂有白色的绦虫孕卵节片。被毛不能按时脱换，食量逐渐减少，最终因衰竭而死亡。有的可能会突然发生死亡。

（四）诊断

如果仔麝发生逐渐消瘦，被毛枯黄、粗乱无光泽，精神沉郁，可视黏膜苍白，粪便稀软不呈颗粒状，或颗粒状粪便与稀软粪便交替出现等症状时，可疑似寄生虫病，确诊可通过漂浮法粪便检查虫卵或卵囊。

（五）防治

吡喹酮按15 ~ 30 mg/kg体重剂量灌服，对林麝莫尼茨绦虫均具有极高驱虫效果，虫卵转阴率均达100%。投药后11 ~ 12 d排除绦虫，且大多一次性排净。

二十、类圆线虫病

（一）病原学

乳突类圆线虫（*Strongyloides papillosus*）。母虫乳白色，纤细毛发状，寄生于小肠内，体长4.76 ~ 6.00 mm，尾部在肛门后突然收缩呈指状，尾端钝圆。生殖腺2条，一前一后。卵巢2条细长，前部在食道后与肠道扭结里捻线状。子宫2条，内充满单个纵列虫卵。虫卵小，椭圆形、灰白色。

（二）流行病学

育成麝乳突类圆线虫感染率及感染强度明显高于成年麝。成年麝乳突类圆线虫虫体感染在一年内形成春、秋季2个高潮。秋季温暖潮湿虫体感染严重，排卵量大。春季高潮的出现可能是秋季感染的幼虫冬季在麝身体内发育受阻与春季恢复发育成熟有关。

（三）症状

患麝主要为全身营养不良，消瘦、贫血、下泻、换毛困难，死亡率较高。小肠特别是前段黏膜严重卡他性炎、固有层内大量虫体寄生及虫卵沉着，皮肤炎性红斑，出血性肺炎及实质器官变性。

（四）诊断

根据临床症状可疑似寄生虫病，确诊可通过漂浮法粪便检查虫卵或卵囊。

（五）防治

春秋季成虫寄生高潮的规律提示对家养林麝乳突类因线虫驱虫以1—2月、9—10月高潮前两次进行为好。发病麝可用丙硫咪唑驱虫，且用量超过正常30倍仍无毒副反应。育成麝个体投药以60 mg/kg体重，连服3日效果最佳，虫卵100%转阴。成年麝群体投药20 mg/kg体重，连服3日效果较理想。

二十一、艾美球虫病

（一）病原学

麝艾美虫，卵囊呈卵圆形，卵囊壁为2层，外层不光滑，淡绿黄色，内层棕黄色，有卵膜孔。

（二）流行病学

各个年龄阶段，麝都能感染，但主要是仔麝发病，致死率不高，但是传播快，造成仔麝发育迟缓，体况差，容易患其他疾病。

（三）症状

仔麝感染艾美球虫后，腹泻、消瘦、被毛枯黄、粗乱无光泽，精神沉郁，可视黏膜苍白。

（四）诊断

根据临床症状可疑似寄生虫病，确诊可通过漂浮法粪便检查虫卵或卵囊。

（五）防治

保持地面干燥，春秋二季定期驱虫。可用氯苯胍20 mg/kg体重混料连服5 d，停3 d后再投药3 d。

二十二、牛毛虱病

（一）病原学

毛虱科（Trichoolectidae）牛毛虱属（*Bovicola*）的牛毛虱（*Bovicola* sp.）。牛毛虱主要寄生于麝头部及前肢等处以细、密绒毛为主的部位，在后躯部未发现有寄生。虱体呈浅黄色，母虱长1.38～1.52 mm，体宽0.41～0.51 mm；雄虱较母虱小，长1.11～1.20 mm，体宽0.29～0.31 mm。前头部呈圆形突出，其宽度大于长度，触角一对分为3节，第一节较粗短，母雄虱触角形态相同。咀嚼式口器。胸部有足2对，足末端具有一个爪。腹部分为8节，弱几丁质化，腹部具腹侧板呈黄褐色。母虱尾端钝圆呈“V”字形；雄虱末端呈“V”字形，其生殖器外侧片不接合。

（二）流行病学

各个年龄段的麝均发现有感染，但仔麝发病率（10%）略高于成年麝（8%）。本病在一年四季均有发生，冬季比春夏更易发病。公母麝感染率无明显差异。头部虱子密度大于前肢等部位，患病麝均表现体况差，被毛凌乱，无光泽等。传播性强，不同圈舍间经常互相传播。

（三）症状

不同年龄的林麝间或有1～2头表现出颜面、耳周、颈部及前肢等部位一处或同时多处被毛不整或成茬状，有大量的皮肤鳞屑，甚至皮肤裸露，有擦伤痕迹，并且表现此症状者均身体消瘦、躁动不安、常患感冒等疾病。

（四）诊断

根据临床症状及其发现麝身体表的虱子可做出初步判断。鉴定种属可采集林麝身体表的虱子固定于70%酒精中，虱标本经5%NaOH处理，梯度酒精脱水，冬青油透明之后制作成封片标本作形态观察。

（五）防治

可选用“灭害灵”喷雾剂。“灭害灵”喷雾剂为菊酯类杀虫药物，毒性低，安全性高，刺激性小，使用时不需抓捕保定动物，易于将药物均匀地喷洒到麝身体各个部位，用药后5～10 min即可见虱子爬到毛尖或掉到地上而发生死亡，未见麝有不舒适的反应，一天后检查，不见有活虱活动，一周后检查未见有复发，并可见到患麝的临床症状逐渐消失，毛色体况逐渐好转。

第四节　预防天敌

在人工饲养条件下，麝的天敌有虫类和鼠害。在饲养场的饲料调配室，圈舍周围及其他地方，因有饲料残渣及粪尿，常见有家蝇、绿蝇及蚊子等双翅类吸血昆虫，常在麝毛短的头部、四肢及掉毛的部位，用口器吸麝的血液，麝就表现不安，到处走、跑，使麝不能很好地卧息，并且这些昆虫还是传染病的媒介。消灭这些昆虫的关键是保持圈舍清洁，严防蝇类侵染饲料。用0.5%～1.0%氯酸磷水溶液，喷洒房屋表面，也可用碳酸磷1.25%～2.50%溶液杀虫，10%克辽林乳剂消灭苍蝇幼虫和蛹。

鼠类破坏建筑物，毁坏饲养管理用具，偷吃麝的饲料，咬伤仔麝，啃吃成麝的皮肉、骨头，造成重伤或死亡。家鼠和野鼠是疾病的传播者，所以灭鼠是一项不可忽视的工作。

通常采用机械、化学、生物学的方法来灭鼠。机械法是用各种捕鼠器捕鼠。化学法是用毒饵，即用5～10 g安妥可毒死鼠类，或用磷化锌等灭鼠。

第八章

安全管理

第一节　人员安全

一、养殖场严禁外来人员进入生产区，到场人员须做好登记，以便追踪来宾和养殖人员的接触史。

二、不准接触和携带染疫的相关物品。

三、不准养殖其他类动物。

四、饲养员进入麝舍须进行沐浴、换衣、消毒方可进入。所有车辆进入麝舍必须经过消毒池消毒后方可进入。

五、在场技术员严禁对外服务。

六、管理人员进入生产区前应沐浴、穿好工作服和戴好工作帽，更换鞋子方可进入。

七、凡涉及公共卫生安全领域，如麝饲管人员，必须持有健康证并参加年检。

第二节　动物安全

一、防逃

建设圈舍围墙墙高要求在3 m以上，墙头上设向运动场伸出的20～30 cm的横檐，以防麝登墙逃走。或者围墙3 m以下时可在运动场上面覆盖防逃网。

进出小圈与通道的棝门时要养成随手关门的习惯，防止麝逃出与窜圈，避免争斗造成的伤亡。

二、保持安静

林麝胆小性急，易受惊。见到异物，听到不习惯的声响，全身毛竖起，心跳加快。在圈舍里只要有1只林麝受惊奔跑，其他也就受惊奔跑起来。若看到透光的空隙，如用铁丝或用竹子编的围栏，受惊的麝就拼命用头撞，试图钻出逃走，常将头和身上撞伤。因此，在捕麝治病或取香时，不能长时间地追捕，以防造成疾病或死亡。当麝的四肢被抓住或绑住后，会拼命挣扎、乱滚乱撞，时间稍长就会死亡。所以，在运输过程中，千万不要捆绑四肢。因此，保持安静，没有噪声的环境对林麝养殖非常重要。

三、监控

视频监控可以不通过近距离接触麝就可观察其精神、饮食、运动、排泄等情况，最大限度地减少了对麝的惊扰，是值得大力推广的措施。

四、设施检查

麝场的饲料加工设备等电气设备应当有接地、过流、漏电保护装置。

麝场的供排水保持通畅，围墙、圈舍、槅门应当坚固，具有一定的防撞功能。

饲料的贮藏、加工场所保持通风透气，防止饲料霉变。

麝圈舍、运动场的地面保持平整，否则可引起麝摔倒或者小的缝隙麝可能踩入其中造成蹄部伤害，引起感染。

第九章

麝的卫生防疫

第一节　卫生要求

卫生是养殖场的基本要求，也是防疫的基础。卫生保持清洁，不留死角，定时清扫，确保圈舍、地面、食具的清洁。保持饲养人员、兽医及技术人员的个人卫生，良好的卫生生活习惯。保持工具的卫生和定点存放。

防疫是养殖场重要工作，是保障动物、人体健康的重要基础。需要有严格的制度、操作规程和强有力的执行力来保障。

制定防疫制度，分别为引种防疫和生产防疫。引种防疫要求必须从无疫病的养殖场或地区转入，并由当地的检疫机构进行检疫，检验合格后，出具检疫报告书，方可进行转运；运输前对运输工具及相关设施进行清洗消毒、饲喂拜固舒等抗应激药物，然后进行运输；运入场内后经隔离检疫观察1个月以上，并做好观察记录，在隔离观察期间补注必要的疫苗，确认健康后，全身喷雾消毒，方可混群生产。

生产防疫要求场内设置专门的工作人员进行环境卫生检查；不从疫区购买饲料、用品入场，饲料、用品入场需对产地、质量、送货人等进行登记，青绿多汁饲料饲喂前用清水冲洗、浸泡30 min；在场内的各个出入口建立消毒池和消毒室；根据季节，配合不同药物对圈舍进行消毒；对发病的麝或可疑病麝及时隔离；定时进行免疫接种并详细记录，包括：免疫时间、疫苗类型、疫苗批号、生产厂家、动物耳号、动物年龄及性别、操作人员姓名等相关信息，入档保存。

养麝场需要采取以下防疫措施。

一、隔离饲养

对麝群实行严格的隔离，是规模化饲养中一项重要的措施。养殖场的生产区只能有一个出入口，非生产人员不得进入生产区。场内生活区、办公区不得饲养畜禽。生产人员从场外进入生产区都要经过消毒、更换已消毒好的工作裤和胶鞋；工作服在场内定期清洗并消毒；饲养人员要坚守岗位，不得进入其他的圈舍，生产区的车辆不得驶出生产区外，各舍的物料等要专管专用。

从外地引进麝时，因其可能处于疾病的潜伏期或隐性感染状态，首先要查看产地检疫证，在混入群体之前应隔离观察至少3周。为防止引进的动物将病原体带入整个动物群，隔离期间应对引进全部动物进行详细的临床观察和血清学等检验及驱虫，未按期注射疫苗的要补注疫苗。查出的阳性动物应根据情况进行合理处理，并对其污染的场地进行彻底消毒。

二、全进全出

所谓“全进全出”就是在场址选择与场内布局都合乎要求的情况下，同一单元内的麝群在同一时间内转入或转出圈舍。该单元在麝群转出后空栏进行彻底的清洗消毒，下一批麝群在消毒后才能转入其中。

三、控制参观

一般情况下谢绝参观。必须参观的人员也要严格消毒，更换鞋和消毒过的工作服，严格执行场内的管理制度。

四、警惕外来病入侵

林麝疫病的来源，可分为外源性（也就是病原从场外进入）和内源性（即病原来自场内畜禽群自身）两种。有些外源性疫病一旦引入养殖场后，又变成了内源性疫病。根据全国各地多年的检疫、检测表明，养殖场饲养的畜禽群体，一般都不同程度地携带有病原，因此要控制畜禽进入养殖场。外源性疫病主要由饲料、污染的饮水、场内职工、昆虫及其他途径传入，所以在拉运饲料等过程中，强化消毒措施对预防传染病的发生十分必要。

第二节　死亡个体处理

因病或其他原因致林麝死亡，及时移出圈舍，并对圈舍进行消毒—清洗—消毒的处理。尸体应由兽医或疾病研究人员在专用解剖室进行解剖，并详细记录和采集分析样本，作出解剖诊断结论和开展实验室分析诊断。剖解后的动物尸体、组织装袋暂存于冰柜里，集中交由专业公司处置，建立处置台账。

第三节　排泄物、污水与垃圾处理

在手术、疾病治疗、解剖等过程中产生的医疗垃圾，消毒处理后分类装入医疗垃圾周转箱，交由专业处理公司处理。

粪便、污水处理执行《畜禽养殖业污染防治技术规范》（HJ/T 81—2001）的要求。

第十章

麝类养殖相关法律法规及档案管理

一、《中华人民共和国野生动物保护法》

对于麝类养殖，明确了国家对野生动物实行加强资源保护、积极驯养繁殖、合理开发利用的方针。养殖林麝必须在法律允许的范围内进行，禁止非法猎捕、杀害、交易、运输林麝等行为。

养殖麝类的单位和个人，需要向所在地县级政府野生动物行政主管部门提出书面申请，并填写《国家重点保护野生动物驯养繁殖许可证申请表》。凡驯养繁殖国家一级保护野生动物的，由省、自治区、直辖市政府林业行政主管部门报林业部审批。

二、《国家重点保护野生动物驯养繁殖许可证管理办法》

规定了驯养繁殖野生动物的单位和个人应当具备的条件，如具备适宜的饲养场所、设施、技术等。明确了申请、审批的程序和要求，对于许可证的核发、管理、监督等方面也作出了详细规定。

三、关于野生动物出售、收购、利用等的相关规定

麝类养殖过程中，有关野生动物出售、收购、利用等事宜须依法另文报批。例如，国家规定只有特定的药企可以收购天然麝香，私人不允许买卖。

总之，养殖麝类必须严格遵守相关法律法规，依法取得驯养繁殖许可证等合法手续，合法合规地进行养殖和经营活动。

四、许可证审批

审批主体：人工繁育林麝应当经省级林业和草原主管部门批准。

申请流程：养殖户需要向所在地县级政府野生动物行政主管部门提出书面申请，并填写《国家重点保护野生动物驯养繁殖许可证申请表》，提交与申请驯养繁殖的野生动物种类、规模相适应的驯养繁殖场所使用权、固定场所和必需的设施、资金储备和固定资产投入、技术人员专业资格证书等证明文件及饲养场地、笼舍方面相关照片，开展驯养繁殖国家一级重点保护野生

动物可行性研究报告或总体规划，申请驯养繁殖的野生动物种源来源证明材料等。

五、相关档案管理

档案管理的种类包括建场档案、驯养繁殖许可证、种源引进许可批件，生产管理档案：种源来源、性别、年龄、配种记录、产仔记录、生长记录、产香记录、饲料加工记录、采食记录、病历、解剖记录、尸体处理记录、医疗垃圾和废物处理记录、污水处理记录、防疫记录、动物调入调出记录、物资管理记录、人员健康记录、人事档案。按实、按时、清楚填写和完善档案记录，分类、专人管理，规范“痕迹化”管理制度，对发展壮大养殖规模，进一步提高经济效益等具有十分重要的意义。

第十一章

麝香概述

林麝养殖技术及麝香生产

第一节 药用价值

麝香为麝科动物林麝*Moschus berezovskii* Flerov（图11-1）、马麝 *Moschus chrysogaster*（图11-2）或原麝*Moschus moschiferus* Linnaeu（图11-3）雄体香囊分泌熟化干燥物。

图11-1 林麝

图11-2 马麝

图11-3 原麝

麝香已有2 000多年药用历史，是居四大动物香料（麝香、龙涎香、灵猫香、海狸香）之首的名贵中药材。其性温，味辛，归心、脾经，具有开窍醒神、活血通经、消肿止痛等功效，临床广泛用于热病神昏、中风痰厥、气郁暴厥、中恶昏迷、经闭、癥瘕、难产死胎、胸痹心痛、心腹暴痛、跌扑伤痛、痹痛麻木、痈肿瘰疬、咽喉肿痛等症。在国内收集的中成药处方中需要麝香的有295种之多。利用11种动物药材生产的430种中成药中，如常用的六神丸、牛黄清心丸、人参再造丸、回生急救丹、安宫牛黄丸、速效救心丸等，需用麝香的有186种，占总数的43%，且多属名贵中成药。药理研究证明，麝香能促进腺体的分泌，有发汗和利尿，兴奋中枢神经系统、呼吸中枢及心脏的作用，还有抗菌、消炎作用。近代用于治疗冠心病、心绞痛，还用于治疗癌症的实验。中西医临床经验证实，麝香对乙型脑炎、梅毒、麻疹等症亦有疗效。

麝香入药首载于汉代《神农本草经》，被列为上品。《本草纲目》列于兽部第五十一卷。李时珍曰："麝之香气远射，故谓之麝。或云麝父之香来谢，故名，亦通。其形似獐，故俗呼香獐。梵书谓麝香曰莫诃婆伽。麝居山，獐居泽，以此为别。麝出西北者香结实，出东南者谓之土麝，亦可用，而力次之。"《别录》曰：麝生中台山谷，及益州、雍州山中。春分取香，生者益良。陶弘景曰："麝形似而小，黑色，常食柏叶，又啖蛇。其香正在阴茎前皮内，别有膜袋裹之。五月得香，往往有蛇皮骨。今人以蛇蜕皮裹香，云弥香，是相使也。麝夏月食蛇、虫多，至寒则香满，入春脐内急痛，自以爪剔出，着屎溺中覆，常在一处不移。曾有遇得乃至一斗五升者，此香绝胜杀取者。昔人云是精、溺凝作，殊不尔也。今出羌夷者多真好，出随郡、义阳、晋溪诸蛮中者亚之。出益州者形扁，仍以皮膜裹之，多伪。凡真香一子分作三四子，乔取血膜，杂以余物，裹以四足膝皮而货之。彼人方但破看一片，毛共在裹中者为胜。今惟得活者，自看取之，必当全真耳。"颂曰："今陕西、益、利、河东诸路山中皆有，而秦州、文州诸蛮中尤多。蕲州、光州或时亦有，其香绝小，一子才若弹丸，往往是真，盖彼人不甚作伪尔。其香有三等：第一生香，名遗香，乃麝自剔出者，然极难得，价同明珠。其香聚处，远近草木不生或焦黄也。今人带香过园林，则瓜果皆不实，是其验也。其次脐香，乃捕得杀取之。其三心结香，乃麝见大兽捕逐，惊畏失心，狂走坠死。人有得之，破心见血流出脾上，作于血块者，不堪入药。又有一种水麝，其香更奇，脐中皆不，沥一滴于斗水中，用洒衣物，其香不歇。唐天宝中，虞人曾一献之，养于囿中，每以针刺其脐，捻以真雄黄，则脐复合，其香倍于肉麝。此说载在酉阳杂俎，近不复闻有之，或有之而人不识矣。"《杨亿谈苑》中记载：商汝山中多麝，遗粪常在一处不移，人以是获之。其性绝爱其脐，为人逐急，即投岩，举爪剔裂其香，就絷而死，犹拱四足保其脐。故李商隐诗云：寻麝采生香。

根据上面对麝香的位置描述："香正在阴茎前皮内，别有膜袋裹之"的记载，可知为麝科动物麝无疑。

论麝香通关开窍之功：①严用和："中风不省者，以麝香、清油灌之，先通其关，则后免语蹇瘫痪之证，而他药亦有效也。"（引自《纲目》）；②方益明："麝脐香，辛香走窜，能自内达外，凡毫毛肌肉骨节诸窍，凡有风、寒、火、气、痰、涎、血、食，郁滞不通者，以此立开，故农皇《本经》主辟恶气，化虫积，散蛊毒，杀鬼精物（血般鬼胎之类）。如《太平圣惠方》入疡科用，彻脓血、去死肌；人眼科用，退翳障、散瘀血；入妇人科用，下流产、落胎孕；入婴儿科用，定惊痫、吐风痰，入方脉科用，通关窍、活痰结、解瓜果食积、酒积、痞块瘤瘕诸证。盖取此辛香芳烈，借其气以达于病所，推陈而致新也。"（引自《本草汇言》）；③剂若金："麝香之用，其要能通诸窍一语。盖凡病于为壅、为结、为闭者，当责其本以疗之。然不开其壅、散其结、通其闭，则何处着手？如风中藏昏冒，投以至宝丹、活命金丹，其用之为使者，实用之为开关夺路，其功更在龙脑、牛黄之先也。即此推之，则知所谓诸证，用之开经络、透肌骨者，俱当本诸此意，即虚而病于壅结闭者，亦必先借之为先导，但贵中节而投，适可而止耳。"（《本草述》）。

据2025版《中国药典》记载：麝香具有开窍醒神，活血通经，消肿止痛的功效。用于热病神昏，中风痰厥，气郁暴厥，中恶昏迷，经闭，癥瘕，难产死胎，胸痹心痛，心腹暴痛，跌扑伤痛，痹痛麻木，痈肿瘰疬，咽喉肿痛。

中医药学认为，麝香性味辛、温，有开窍、辟秽、活血散瘀、止痛、通经催产的功能，可用于惊痫、中风昏迷、痰厥、寒邪腹痛、恶心烦闷、跌打损伤、痈疮肿毒、胎死腹中等病症。

现代医药学研究表明，麝香对人的中枢神经系统有兴奋作用，能兴奋呼吸中枢和血管舒缩中枢，提高免疫系统的机能，具有显著的雄性激素样作用与抗菌消炎作用；麝香对人的毒性很小，其水提物还有抗蛇毒和抗组胺的作用；临床上通常用于治疗肝性脑病、重症肝炎、冠心病、心绞痛、支气管哮喘、慢性前列腺炎、血管性头痛、肿瘤、痛经、化脓性中耳炎、淋巴结结核、白癜风、急性肠梗阻、肠麻痹、新生儿腹胀、小儿严重感染并发性腹胀、小儿小便不通、眼底出血、系统性红斑狼疮、类风湿性关节炎、脑血管病、偏瘫等诸病症。

第二节　发展前景

我国人民很早就认识到麝及其产品的价值并加以利用。据文献记载，距今2 000多年前，东汉时期的《神农本草经》中已对麝香入药做了详细的记载。至于人工养殖始于何时，尚未发现明确的记载。但是，自古以来，麝香来源全靠猎捕，习惯用“杀麝取香”的方法，不分公、母、仔一并捕杀，有香割香，无香吃肉。特别是在繁殖季节里，母麝、仔麝同时丧生。由于长期猎捕，加之天敌的侵袭，森林的采伐，野麝栖息环境逐渐缩小，野生资源已受到严重的破坏。据不完全统计，20世纪70年代末期与20世纪50年代相比，麝的数量下降了大约2/3，有些产区已基本收不到麝香。如不尽快采取有效的保护措施，要不了多久，麝也将会像历史上珍贵的药用动物如羚牛、藏羚羊、东北虎、麋鹿那样，濒临灭绝。

随着社会发展，麝香的需求远大于供给的供需矛盾越来越突出。由于林麝野生动物资源面临资源危机，野生麝类濒临灭绝境地，自2005年6月起，国家林业和草原局、国家卫健委等五部门已经全面禁止野外猎取天然麝香，禁止出口天然麝香，基本断绝了天然麝香原料来源，天然麝香由国家配额供应。然而每年全国能配额供应的天然麝香总共才200 kg左右，远远不能满足需求。目前，国际市场的麝香价格高于黄金价格，由于天然麝香奇缺、价格暴涨，以天然麝香入药的产品难免跟风涨价。麝香的经济价值较高，目前鲜香市价40万元/kg以上，商品香市价120万～200万元/kg。在2010年以前，只有片仔癀、同仁堂和天津中新药业的安宫牛黄丸、上海雷允上药业和苏州雷允上药业的六神丸、厦门中药厂的八宝丹、无锡山禾药业的醒脑静注射液、福建麝珠明滴眼液等7家企业的6个品种，能采用国家库存配额供应的天然麝香，而其他中成药已改用等量的人工麝香。许多生产厂家舍不得动用留存的天然麝香，一些已有2 000多年历史的中成药可能与“麝香虎骨膏”一样，面临退市风险。若继续按目前的方式使用野生麝香，必然使现存的麝资源进一步下降，乃至灭绝，最终失去这些宝贵的中药资源。

为了保护野生麝类资源和可持续提供麝香产品，现代养麝业始于中华人民共和国成立以后。1958年，为贯彻国务院“对稀有名贵中药材家种家养”的重要指示精神，在四川省马尔康和米亚罗、陕西省镇坪、安徽省佛子岭等地，先后建立了养麝试验场，专业从事养麝研究。半个世纪以来进行了驯养和活体取香的研究，现已在麝的驯化、饲料、饲养管理、繁殖、疾病防治和活体取香上形成了一套较完善的养殖技术。近年来国家加大了对麝资源的保护，同时也大力支持发展养麝业。

我国是主产麝香的国家之一。过去野麝资源十分丰富，麝香产量占世界的70%～90%，麝香产量和质量均居世界首位。为了能够合理地利用野生资源，国家把麝列为Ⅱ类保护野生动物，颁布保护法规，实行限量猎取，防止乱捕滥猎。大力贯彻“护、养、猎并举”的方针，这对于麝的资源保护起到了一定的作用。

关于保护和发展野生动物的方针政策，我国政府制定了不少法规。早在20世纪50年代就颁布了《关于稀有动物保护办法》，其中规定：“林业系统和有条件的人民公社可建立养兽场，饲养用途广、经济价值高的野生动物，如麝、鹿、貉子、狐狸、貂等。”建立养兽场要因地制宜，并可利用林间、水源或荒岛之类的自然环境，以饲养大型动物与珍贵的药用动物。随时研究改进饲养技术，提高成活率，防治病害，改良品种，使动物发育好，经济价值大，利用率高。

1962年国务院颁布了《关于积极保护和合理利用野生动物资源的指示》，明确规定了加强资源保护、积极繁殖饲养、合理利用的方针。这一方针为保护和合理利用野生动物资源，发展狩猎生产指明了方向。

1989年，我国正式颁布了《中华人民共和国野生动物保护法》，使动物依法保护逐渐完善和成熟。在这部法律中还颁布了《重点保护动物名录》

共计257种，林麝、马麝、原麝等5种均列在内。围绕国家野生动物保护法，从中央到地方，20年来相继制定了40多个配套的行政法规和规章，比较重要的如《国家重点保护野生动物驯养繁殖许可证管理办法》（1991）、《中华人民共和国陆生野生动物保护实施条例》（1992）、《陆生野生动物资源保护管理收费办法》（1992）等。各省、市、自治区也陆续制定了地方《野生动物保护实施办法》《保护野生动物方案》。从上述各项法规和指示中可见，国家对麝及麝香生产经营工作十分重视。近几年来，国务院以及有关部门为加强麝及麝香的生产及管理，也先后发出若干文件，比如《关于加强麝香资源保护和市场管理的通知》（1979）、《关于加强野麝资源保护，积极发展人工养麝的报告》（1980）。为了便于管理，国家医药总局、卫生部、工商行政管理总局又联合发出了《关于明确贵重药材品种的通知》（1981），通知共列34个品种，其中第一个品种就是麝香。

2003年2月21日，国家林业局发布第7号令，《国家重点保护野生动物名录》已经国务院批准调整，麝类所有种从国家重点保护野生动物Ⅱ级调整为Ⅰ级。

2003年2月27日，国家林业局以林护发〔2003〕30号《国家林业局关于进一步加强麝类资源保护管理工作的通知》，再次明确麝是具有极高药用价值和重要生态、科研价值的物种，公麝香囊（麝香）是传统中药的重要原料。明令：一是全面禁止猎捕麝和收购麝香的行为，中药生产所需天然麝香全部从现有库存或人工繁殖所获天然麝香中解决。因科学研究、驯养繁殖等特殊情况，确需从野外捕捉麝的，必须严格按照《中华人民共和国野生动物保护法》及《中华人民共和国陆生野生动物保护实施条例》的规定，报国家林业局审批。二是调查核实天然麝香库存、生产利用和麝养殖等基本情况，切实加强监督管理。三是禁止将天然麝香用于除药用以外的其他商品的生产，加强对利用库存及人工繁育来源的天然麝香制药的管理。因生产重要药品需要利用库存的或人工繁育来源的天然麝香的，必须由生产企业提出申请，说明药品种类、生产计划和需要天然麝香的数量及来源，并附国家药品生产主管部门的审核意见，报国家林业局审批。经批准后，方可凭批准文件在当地林业主管部门的监督下，按批准的数量启用库存天然麝香或调运人工繁育来源的天然麝香，并按批准的药品种类、数量进行投料生产。同时，对其天然麝香库存量进行核减，直至核销完毕。进出口含天然麝香的产品，必须严格按国家法律规定报国家林业局批准。未经批准，任何单位不得擅自经营利用天然麝香生产药品和进出口天然麝香产品等规定，加强麝、麝香及其使用的管理。

2004年，国家林业局、卫生部、国家工商行政管理总局、国家食品药品监督管理局、国家中医药管理局等五部局联合以“林护发〔2004〕252号文”下发《关于进一步加强麝、熊资源保护及其产品入药管理的通知》。通知再次明确麝、熊均是生态、经济、科研价值极高的国家重点保护野生动物，特别是天然麝香、熊胆（指野外来源或人工繁育所获的麝香和熊胆）是许多传统中医临床用药的重要原料。为正确处理好资源保护与可持续利用的关系，统筹兼顾野生动物保护和中医药事业的协调发展，维护我国对外形象和声誉，经研究决定，全面停止从野外猎捕麝类、熊类，强化其驯养繁育规范管理，对天然麝香和熊胆粉实行定点保管制度，明确使用范围，并对含天然麝香、熊胆成分的产品实行统一标记。通知明令：全面停止从野外猎捕麝类、熊类的活动。调查掌握本区域麝类、熊类养殖情况，进一步规范麝类、熊类驯养繁育活动，为引导麝类、熊类驯养繁育的健康发展，建立“谁投入，谁拥有，谁受益”的激励机制，引导、鼓励利用上述原料的相关中医药企业，积极参与麝类人工繁育和改善“养熊取胆”技术条件。同时，要切实强化对麝类、熊类驯养繁育活动的规范管理。核查库存天然麝香和熊胆粉，实行定点保管制度。禁止出口天然麝香，明确天然麝香、熊胆粉使用范围。根据加强资源保护的需要，自本通知下发之日起一律停止零售天然麝香和熊胆粉的活动，禁止出口天然麝香（含有天然麝香的中成药除外），并限定天然麝香和熊胆粉的使用范围，特别是对天然麝香的使用范围，须严格限定于特效药、关键药等重点药品种和重点医院。对含天然麝香、熊胆成分的产品实行专门标记。含天然麝香、熊胆成分的产品须统一加贴“中国野生动物经营利用管理专用标识”后方可进入流通。

随着国家对野生资源保护的加强和对人工养殖鼓励与扶持政策的实施，近年来，因麝香价格的上涨和企业、个体等社会资金在人工养麝产业的投入增加，国内麝养殖产业发展迅速。据不完全统计，截至2024年年末，全国林麝存栏总量约5万只，5年间麝数量增速18%。麝香产量呈加速增长趋势，2017年养殖天然麝香产量近130 kg，2018年天然麝香产量约190 kg，一定程度上缓解了国内麝香供给紧张的局面。与此同时，对投资开展人工养麝的企业给予鼓励，一是批准使用人工养殖天然麝香的企业增加，二是批准企业使用天然麝香原料生产药品品种增加。人工养麝生产天然麝香，政府政策的支持与扶持，成为中医药可持续使用天然麝香的有效途径，促进了我国中医药可持续发展。

麝香在发挥其药用价值的同时，其文化价值同样不容忽视。东汉时期，即用于梳妆和熏香衣物。唐代诗人杜甫在《丁香》诗中曰："晚坠兰麝中"。如果在室内放一丁点，便会满屋清香，气味迥异。古代文人、诗人、画家都在上等墨料中加少许麝香，制成"麝墨"写字、作画，芳香清幽、光泽大增，如文房四宝之一的徽墨。印泥加入麝香、珍珠等称为八珍印泥。若将字画封妥，可长期保存，防腐防蛀。高级熏香、烛香等也多加入麝香。藏民喜欢将麝皮揉制成口袋，用来装米酒烟草等。流行于我国清朝中晚期的鼻烟，上等者常加入麝香等。麝毛空心，富有弹性，保温性能好，可用作充填垫料和保温材料。古人还曾用麝毛做笔。公麝的獠牙可用于制作牙签等工艺品。

麝香的药用价值从古至今较高，市场一直供不应求，按照现有资源状况、政策管理力度、养殖群体数量及发展速度，仍无法满足我国中医药对麝香的需求，人工养麝生产麝香产业具有广阔的前景，在相当长的时间内，人工养麝都是朝阳产业。

第十二章

麝香药用种类与分布

第一节　麝香药用种类

麝香按动物来源，分为林麝麝香、马麝麝香、原麝麝香3种。由于上述3种麝的麝香囊及麝香仁形态、质量难以区分，历史上没有以麝种类来命名麝香，但在民间的认识中，林麝麝香质量、产量优于马麝、原麝。

按麝香等次分类，可分为“遗香”“脐香”“心结香”等。《雷公炮炙论》其香有三等：一者名遗香，是麝子脐闭满，其麝自于石上，用蹄尖弹脐，落处一里草木不生，并焦黄；人若收得此香，价与明珠同也。二名脐香，采得甚堪用。三名心结香，被大兽惊心破了，因兹狂走，杂诸群中，遂乱投水，被人收得。

以麝香的形态特征分类，可分为元寸香、油香、蚂蚁香、当门子、蛇头香。麝香呈棕褐色粉状者又称“元寸香”，简称“元寸”“寸台”。麝香富有油性，呈油状的称“油香”；呈粉粒状的俗称“蚂蚁香”；呈颗粒状，积于麝香囊口的，称为“当门子”；颗粒大的久存积于麝香囊内的，状如蛇头，称“蛇头香”。去壳，仅留肉皮的称为“银皮香”；带皮壳者称为“毛香”。陕西秦岭一带根据麝香形状分为“豆瓣香”“粉香”“泥香”3种。麝香由于麝的种类、采收时间、保存时间、保存方式以及麝本身的个体差异等因素，在形态上具有多样性，这些分类正是利用了麝香独具特色的形态特征而取的别名，具有生动、形象、贴切的特点。

按照取香方式，分为毛壳麝香与麝香仁。

毛壳麝香：毛壳麝香是猎杀或死亡后的麝，割其香囊，保留或剥离被皮组织后的干燥物。毛壳香为扁圆形或类椭圆形的囊状体，直径3～7 cm，厚2～4 cm。毛壳香分带毛皮组织和不带毛皮组织两种（图12-1、图12-2）。不带毛皮组织的干毛壳香，香囊口面呈皮革质，棕褐色，略平，周围灰白色、灰棕色或棕色短毛，密生朝向中间小囊孔排列。另一面为棕褐色略带紫色的皮膜，微皱缩，有血管走向痕迹，偶显肌肉纤维，囊壳干硬，略有弹性，剖开后可见中层皮膜呈棕褐色或灰褐色，内层皮膜呈棕色，内含颗粒状、粉末状的麝香仁和少量细毛及脱落的内层皮膜（又称“银皮”）。

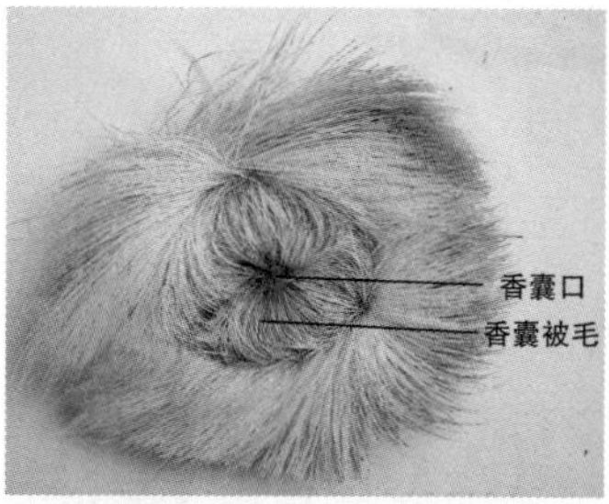

图12-1　带毛皮组织毛壳香（林麝）

图12-2　不带毛皮组织毛壳（原麝，来源于俄罗斯）

麝香仁：分为鲜麝香仁和干麝香仁。鲜麝香仁为人工养麝活体取香，或死亡麝的香囊剖切后取出的内容物（图12-3）。干麝香仁为鲜麝香仁的干燥物，或剖切干毛壳香获得的麝香仁（图12-4）。干麝香仁质软，油润，疏松；其中不规则圆球形或颗粒状者习称“豆瓣香”，位于香囊口的较大块的豆瓣香习称“当门子”，表面多呈紫黑色，油润光亮，微有麻纹，断面深棕色或黄棕色，粉末状者多呈棕褐色或黄棕色，并有少量脱落的内层皮膜和细毛。

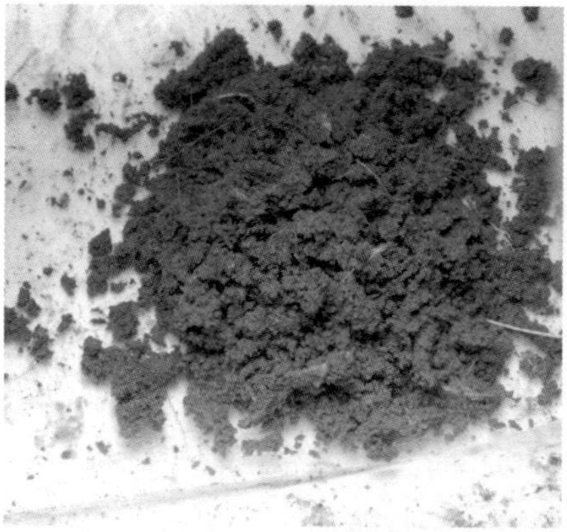

图12-3　鲜麝香仁

图12-4　干麝香仁

饲养条件下，则呈颗粒状、短条形或不规则的团块；表面不平，紫黑色或深棕色，显油性，微有光泽，并有少量毛和脱落的内层皮膜（图12-5）。

《中国药典》（2025版）把麝香的性状分为毛壳麝香和麝香仁，规定的质量标准是指麝香仁。其标准为，麝香不得检出动、植物组织、矿物和其他掺伪物，不得有霉变；按干燥品计算，水分含量不得高于35%，麝香酮含量不得少于2.0%，灰分含量不得高于6.5%。

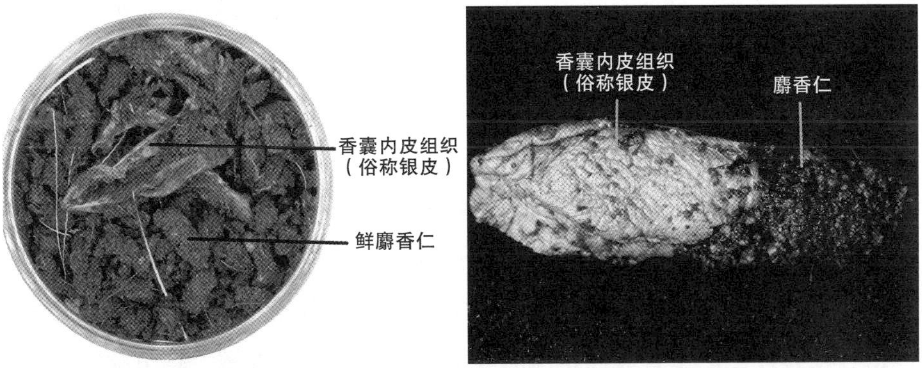

图12-5　香囊内皮组织

第二节　麝香分布

按不同麝种的地理分布而得出产地分布。林麝、马麝、原麝3种麝的分布见第三章第五节中所述。

野生麝香。按产地及集散地，分为藏麝香（又称“康香”）、川麝香（又称“灌香”）、云麝香、西麝香（又称“秦香”）、口麝香等。人工养殖活体取香获得的麝香没有产地区分。

藏麝香。主产于康藏高原的大雪山山脉、沙鲁里山山脉及邻近山脉等地。以扁圆形，个大，外皮未修净，皮壳较厚，并带有灰白色长毛，脐眼塞有棉纸捻，以手捻之内部柔软松散、身干部结硬块者为纯品。在历史上，该路货都由昌都、甘孜及德格等地运向康定集散，故称“藏麝香”或“康香”。

川麝香。主产于四川北部的松潘一带、大渡河上游的大小金川、岷江上游的岷山及西北的阿坝等地的雪山草原上。本品为高圆形，个头大小不等，皮壳较厚，外皮修剪成柿蒂状圆盖，光净无毛，脐眼隆起亦有棉纸捻，以内部捻之柔软松散、身干不结硬块者为纯品。在历史上，该路货都向成都及灌县集散，故称“川麝香”或“灌香”。

云麝香。主产于云南横断山脉及丽江地区，形状同藏麝香，从前均由大理输出。

西麝香。又称鸡嗉子香或银皮麝香。为椭圆形或圆形，一端有用线扎成的蒂把，个头大小不等，外皮修剪干净，无硬壳，皮极薄，又称“蛋皮香”。容易混入杂质，其成分优劣不等。产地较为分散，以陕西秦岭为主，包括甘肃祁连山区、青海湟水流域、河南伏牛山区、安徽大别山脉等。

口麝香。又称口饼子，为扁圆形，皮壳较厚，边皮未修净，带有灰白色长毛，以捻之柔软、身干不结硬块者为佳。主产于内蒙古贺兰山区、阴山山脉、东北兴安岭等地。

第十三章

麝香的采收加工技术

第一节　采收

一、取香时间

一般每年在9—10月或次年3月取1次麝香较好。

二、取香前的准备工作

（1）拟定取香计划，取香计划包括取香的日程安排，应取香的公麝头数及其所在圈的统计，取香的程序等。一般取香需要3人，其中1人抓麝，1人取香，1人辅助。

（2）一般可以将野性较大的公麝提前1～2 h关入圈内小舍，以便捕捉。

（3）检查取香用具及所需药品：

挖勺：掏取麝香用具，多数是采用不锈钢、银或牛角加工制成，或人用胆石勺10号以下。挖勺全长16 cm，勺柄长7 cm，厚0.5 cm，呈四棱形，勺颈长7.5 cm，直径0.3 cm，呈圆柱形，勺口长约1.5 cm，深0.3 cm，前端稍曲，周围圆钝。公麝香囊口的大小多随个体的差异而不同。从保护香囊口以及保证取香效果出发，可以配制2～3种不同型号的挖勺（图13-1）。

盛香盘：是接香用的。没有规定的制品，常用小型手术盘代替。

保定床：常用也是最方便、有利于取香操作和麝身体健康的保定方法是人工保定。保定者坐姿，将麝侧卧放于双腿上，露出香囊（图13-2）。

医疗器材：镊子、手术刀、医用棉球等。

药品：镇静剂（安定、氯丙嗪或其他）、外用消毒剂（消毒酒精、碘伏）。

辅助工具：指甲钳、称量器、软毛刷、接香盘、盛香容器。

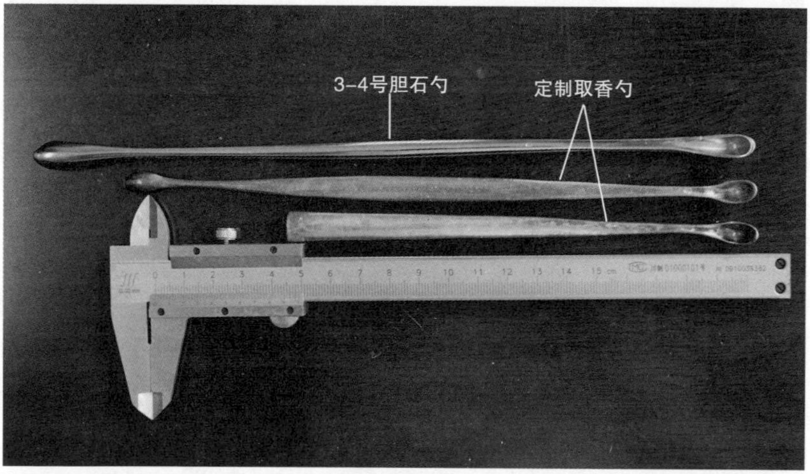

图13-1　取香勺

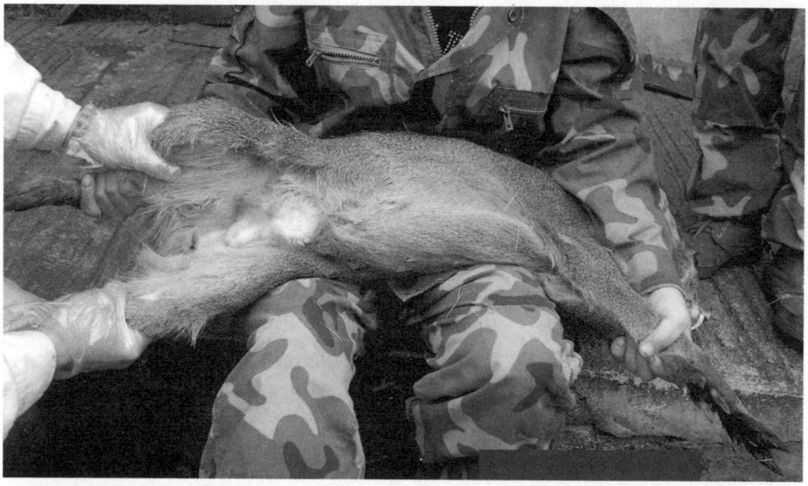

图13-2　保定

三、抓麝

抓捕是在较小圈舍内进行。抓捕者在麝奔跑或站立时，首先抓住麝的双后肢并向上提起，使其前肢离地（图13-3）。转运时抓麝者一手捉住麝的两后肢（趾骨部分），另一手捉住两前肢（掌骨部分），用臂和体侧将其夹抱住。抓麝者选一合适的坐处（最好备一小凳），将麝背里腹外地侧放在两腿上。

野性较大的麝一下抓不住，往往跳蹦不止，吐舌喘气，这时应停止，让麝休息一会儿，不喘气后再抓。否则，会使麝过劳而造成疾病。

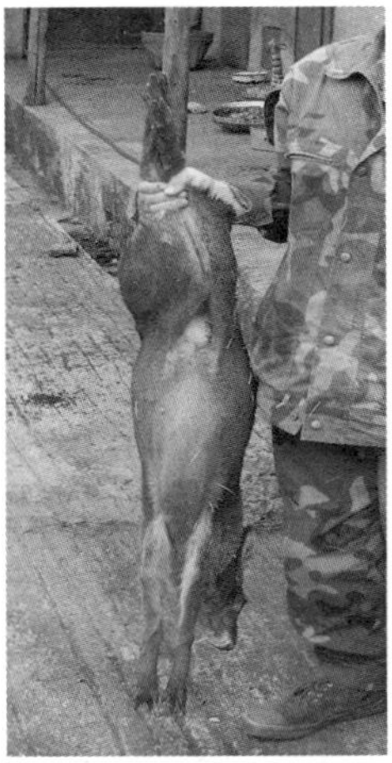

图13-3　抓捕

四、取香

（1）麝保定后，待其稍平静后开始操作。取香前使麝的腹部与操作者相对，略剪去覆盖着囊口的毛，用酒精消毒香囊口。

（2）操作者以左手食指和中指将香囊基部夹住，拇指压住香囊口，用无名指和小指按住香囊体，使香囊口扩张。

（3）右手持挖勺用前背面轻压囊口，挖勺即可伸入囊内，随后徐徐转动挖勺向外抽动，麝香便顺口落入盛香盘里（图13-4）。

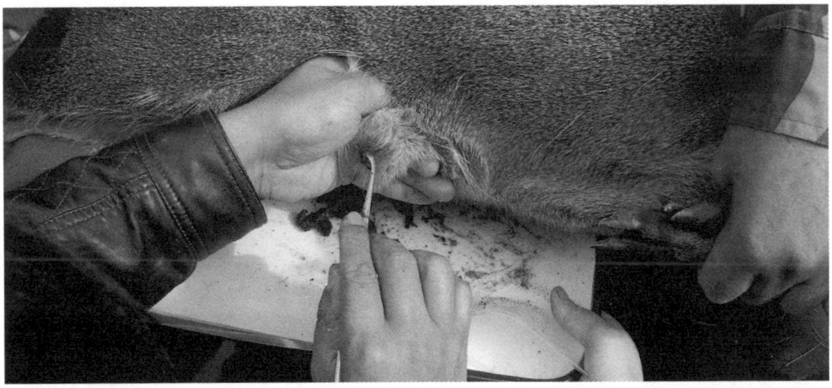

图13-4　取香

取香不能用力过猛，以免挖伤香囊。如果遇到大块麝香不易挖出时，先用小挖勺在囊内将麝香压碎，或在囊外用手将麝香捏碎，然后再行挖取。

取香时若麝乱动，应立即取出挖勺，谨防挖勺刺伤香囊。挖勺的进出应倾斜而行，以免刺破囊口。一般3 ~ 5 min即可操作完毕。

（4）取香后用碘伏对囊口进行消毒。如香囊口充血或破损时，可涂上油剂青霉素或消炎油膏，防止外伤感染。

（5）刚取出的麝香里大多混有皮毛之类的杂质，应拣出，称量产香湿重。用吸水纸自然干燥或用干燥器和恒温箱干燥，干燥后的重量即为麝香的干重。应做好取香干湿重的记录后将麝香装入瓶中密封保存，防止受潮发霉。

（6）辅助工作。对取出的麝香称重记录，修剪过长的指甲，麝身体健康检查，必要的外伤处理。

五、取香时应注意的问题

（1）准备取香的公麝在取香前应停食1次，在夏季取香时，应在早晨或阴凉天气进行。

（2）抓麝和取香时一定要做到稳、准、快，防止乱蹬造成脱臼。以免损伤内脏，需紧紧握住两后肢。

（3）根据麝的年龄及麝香囊的大小，选用大小适当的取香工具。

（4）取香勺使用前消毒，连续使用时，需用酒精棉球擦拭干净后，方可用于下一头麝。

（5）香囊距尿道口很近，应注意加以区别。保定香囊的手用力适度，避免捏伤香囊、尿道及生殖器。刮取麝香时，注意勺面、力度，不要刮伤香囊内壁。

（6）取香结束后，不能向囊内注入抗生素、油膏类物质。

（7）取香后将公麝放入圈内，先放前肢后放后肢。当麝被放出后开始有些发惊，稍休息一段时间后能恢复正常。此时公麝表现口渴，应该供给0.1%食盐水，增加精料与新鲜饲料。

第二节　加工

一、工艺

（一）人工养麝活体取香麝香加工工艺

1. 减压干燥法

取出的鲜麝香→挑拣去掉杂物（被毛、银皮）→装盘置入盛有五氧化二磷的减压真空干燥箱→减压至2.67 kPa，0.5 h→静置24 h→取出，检测水分含量。

2. 冷冻干燥法

取出的鲜麝香→挑拣去掉杂物（被毛、银皮）→盛盘置入已预冷至-15℃冷冻干燥机的干燥仓搁板上→将麝香冷冻至-40℃以下→搁板逐渐升温至25℃，同时抽真空至10 Pa，维持10 h以上→待麝香温度升至25℃→取出麝香，测定水分。

（二）毛壳麝香加工工艺

割取的鲜香囊→剥离皮毛（保留皮毛）→置阴凉、通风、干燥处→干燥。

二、设施设备

（一）人工养麝活体取香麝香加工设施设备

1. 减压干燥法

真空干燥箱、真空泵、压力表、盛香盘、镊子、计重器、包装袋（瓶）。

2. 冷冻干燥法

冷冻干燥机、盛香盘、镊子、计重器、包装袋（瓶）。

（二）毛壳麝香加工设施设备

毛壳香的加工几乎没有设施设备，只需有简单刀具即可。

第三节　贮藏

一、包装

（一）包装材料

玻璃、铝塑复合膜、聚乙烯、覆膜牛皮纸等药包材。

（二）包装方式

棕色玻璃磨口瓶、铝塑复合膜袋、聚乙烯盒、覆膜牛皮纸袋等，遮光、密封包装。常用包装剂量为0.1 g/瓶、0.5 g/瓶、1 g/瓶，以及任意的大包装。

二、标识

国家允许销售麝香的机构，按中药材包装要求包装，需粘贴野生动物保护与利用标识（图13-5）。

图13-5　野生动物保护与利用标识

三、储藏

麝香仁按上述包装好后，遮光冷藏或-15℃冷冻储藏。干燥的毛壳香，装入瓶或袋内密封后，遮光冷藏或-15℃冷冻储藏。

四、运输

上述包装好的麝香仁、毛壳香打包运输。运输时需要具有省级野生动物主管部门批准的相关文件。

第十四章

麝香的药学研究与临床应用

第一节　药材性状

麝香由香腺部和香囊部的皮脂腺分泌形成，香腺主要是由腺泡细胞和疏松结缔组织组成，柱状的腺泡细胞分泌香液进入腺泡腔，成为麝香的初香液，初香液经导管进入香囊腔后与皮脂腺所分泌的大量皮脂共同形成麝香，并进行熟化和贮存，大约需要两个月的转化过程，才形成粉粒状的“蚂蚁香”和颗粒状的成熟的“当门子香”。成熟的麝香呈咖啡色，干后为深褐色，其形状多呈粉末状，也有时为籽粒状、皮膜状和油脂状（图14-1）。市面上，麝香药材分为香囊和麝香。

香囊：呈圆形或扁圆形，囊口周围密生灰白或棕褐色细短毛，漩涡状排列。直径3 ~ 5 cm，干重量一般在30 g左右。香囊开口面中央有一小口，称为麝香囊口，正面为棕褐色略带紫色的皮膜，剖开后可见中层皮膜呈棕褐色或灰褐色，半透明；内层皮膜呈棕色，内含麝香。

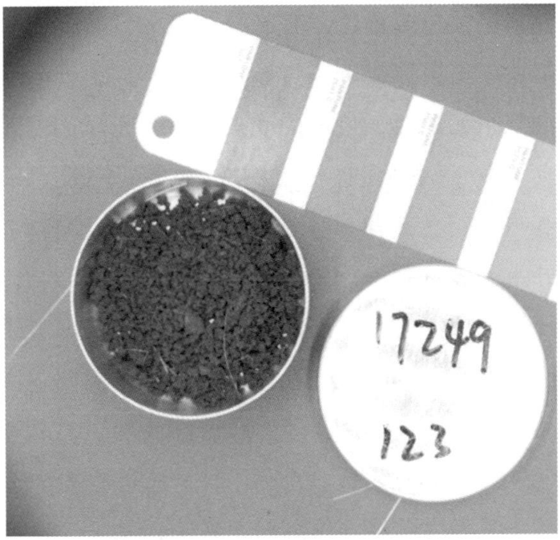

图14-1　麝香图片

麝香：呈不规则圆球形，颗粒状或粉末状。颗粒状称“当门子”，表面紫黑或深棕色，油润光亮或微有光泽，断面深棕或黄棕色；粉末状者多棕褐或黄棕色，并有少量细毛及脱落的内层皮膜（习称银皮）。气香浓烈而特异，味微辣。

习惯认为西南各地所产的麝香质量最佳。以春、冬二季获得的产量多，品质好，此时麝的分泌物浓厚，香气浓烈久而不散，色深油性大，加工时易于干燥不致变色、发臭。立夏以后所采的其分泌液稀薄，而且不易干燥，品质较差。

根据《中国药典》规定，麝香不得检出动、植物组织、矿物和其他掺伪物，不得有霉变；按干燥品计算，含麝香酮不得少于2.0%。

麝香因产地及加工方法不同，商品复杂，伪品较多，常用以下方法进行鉴别：①香粉粗如小颗粒状，身干富油性，有光泽，色红黄、棕褐或黑色，当门子多而大，香气浓烈袭人，久而不散，以手指捻之有弹性，易聚易散，不黏结成条者为纯品；②当门子为圆形、扁圆形或椭圆形，大小不一，表皮紧密，色黑有光泽，质坚实，色泽自然，油性大，香气浓烈经久不息者为纯品；③香粉入口嚼之，味辛甘或微苦咸，物质溶化无渣滓，香气久而不消失者为纯品；④取香粉少许，放锡纸上烧之其声暴烈如燃人发，奇香四溢或自然跳动者为纯品；⑤取香粉少许，泡入开水中，其溶液似糖浆样，色清不浑浊，未溶之残渣仍浓香者为纯品；⑥取整香一个，用麝香探子（特制工具），从原麝束孔中插入，正取一槽再偏取一槽，混合后质松有油性，红黄色、棕褐色或黑色，有光泽，色泽自然，以手指搓捻有弹性，不黏手指、不结块，虽搓捻成条，再搓捻即散开，香气浓烈，久而不息者为纯品；⑦香粉细腻，无油性，色灰褐或黑色，无光泽，色泽不自然，香气短，有腥臊气或臭香气，以手指搓捻无弹性，成条不散，或有丝状物、黏性大者为伪品；⑧当门子色灰黑，无光泽，色泽发暗不自然，质硬无油性，香气短，置于开水中浸泡后，自行扩散者为伪品；⑨取香粉少许，放锡纸上烧之，香气短而很快消失，无油性，燃后遗渣如灰烬者为伪品；⑩取香粉少许，以开水泡之，水溶液变为棕红色或棕褐色，混浊不清，残渣无香气或黑且臭者为伪品；⑪取整香一个，用生葱浓汁浸棉线，以针引线穿过香囊后，线上葱臭气消失无存者为纯品，否则不纯；⑫取香粉少许，撒入清水中，多浮于水面而不下沉者为纯品，下沉而速者为伪品。

第二节　炮制技术

毛壳麝香制作为药材的炮制方法是用温水浸润香囊，割开后除去皮毛内膜杂质，用时取香仁研细。

《雷公炮炙论》：“凡使麝香，并用子日开之，不用苦细研，筛用之也。”《千金要方》：“须末如粉。”《局方》：“凡使，先用别研令细，然后入药用之。”《普济方》：“细罗过。”“四下乳钵，候研至无声则可用。”《寿世保元》：“拣尽血毛皮壳，细研净。”《纲目拾遗》：“水飞。”现行，取原药材，除去囊壳，取出麝香仁，除去杂质，研细。

香仁：把香仁放在盂钵上，研细过筛，拣去杂质，即可入药。

整香：在原药软皮上作十字划开，取出中间的香仁，研细，拣去杂质，即可入药。

在2020版《中国药典》中，麝香为配伍或单独药用。

第三节　化学研究

麝香的化学成分非常复杂，胡素琴等对麝香的组分进行初步分析，发现其中含15.30%～22.56%水分、3.62%灰分；含氮化合物中氮含量占9.15%、胆甾醇2.19%、粗纤维0.59%、脂肪酸5.15%；醚溶性成分占21.15%、无水乙醇溶性成分占21.04%、水溶性成分占23.73%、不溶于以上3种溶剂的成分占28.06%。

因此，麝香的药理作用也极为多样，有些作用由单一成分引起，有些作用则是多种成分协同所致。麝香的化学成分可分成以下几类：

一、麝香大环酮化合物

麝香中所含的大环化合物有麝香酮、降麝香酮等，其中麝香酮是主要有效成分之一，也是麝香的香味成分，有特异强烈香气，对冠心病有较好的疗效。天然麝香含麝香酮0.5%～4.0%，质量较好的麝香含麝香酮2%以上。

二、性激素甾体化合物

麝香中所含性激素甾族化合物主要有胆甾醇、胆甾-4-烯-3-酮、5α-雄甾烷-3, 17-二酮、5β-雄甾烷-3, 17-二酮、3α-羟基-5α-雄甾烷-3, 17-二酮、3α-羟基-5β-雄甾烷-3, 17-二酮、3β-羟基-5α-雄甾烷-3, 17-二酮、雄甾烷-4-烯-3, 17-二酮、雄甾烷-4, 6-二烯-3, 17-二酮、5α-雄甾烷-3β-17α-二醇、5β-雄甾烷-3α-17β-二醇、5β-雄甾烷-3α-17α-二醇等。麝香中含有10余种性激素，质量较佳的麝香，雄性激素含量在0.5%左右。

三、蛋白质、肽类和氨基酸

麝香中含蛋白质约25%。其所含的肽类和氨基酸是抗炎的主要成分。分子量在1 000左右，包括含精氨酸的肽，对白细胞游走抑制的活性最强。分子量在5 000～6 000之间，主要由甘氨酸、丝氨酸、谷氨酸、缬氨酸和天冬氨酸组成的肽，也有很强的抗炎活性。麝香中水溶性多肽蛋白质类抗炎症作用的机制主要是对中性粒细胞功能的影响。中性粒细胞具有趋化、吞噬、产生氧自由基及释放作用等功能，是炎症初期在损伤部位出现的主要细胞。它除了重要的防御作用外，还可以引起感染部位的炎症，引起病理损害，使炎症反应进一步加重。麝香多肽蛋白质类主要通过影响中性粒细胞的功能，从而起到抗炎作用。

四、脂肪酸、胆固醇

麝香中脂肪酸含量约5.16%，它们在麝香中与胆甾醇或脂肪酸结合成酯或蜡。麝香中含胆固醇0.78%～1.19%，胆固醇酯0.35%～2.42%。

麝香脂肪酸中支链结构占优势，分子大小为C_{14}～C_{40}，已确定结构的酯类化合物有甘油三软脂酸油酸酯、棕榈三油酸酯、棕榈酸甲酯、油酸甲醌酯醇。形成蜡类物质的几乎是支链结构C_{20}～C_{34}的脂肪酸。

五、无机盐及其他

麝香中含钾、钠、钙、镁、铁、铅、铝、氯、硫酸盐、磷酸盐和碳酸铵等。还含有尿囊素、尿素、纤维素和蛋白激酶活剂Musclide-A。

麝香纯干燥品一般组成范围如下：水溶性物质50%～70%，乙醇溶性物质10%～15%，水分10%～15%（常温、减压浓硫酸干燥器中），灰分7%～8%。

Li等（2017）采用多重焦磷酸测序技术对16SrRNA的V3～V4高变区进行麝香微生物区系测定，发现该微生物区系以厌氧菌为主，有超过95%的序列属于五大细菌门（即硬壁菌门、放线菌门、梭杆菌门、变形杆菌和拟杆菌）和一个古菌门（广域古菌门）。但该研究尚未对麝香中的微生物区系进行生化生理学研究。

第四节　药理作用

麝香的化学成分非常复杂，因此，麝香的药理作用也极为多样，有些作用由单一成分引起，有些作用则是多种成分协同所致。虽然有关麝香的药理作用已有较多的研究，但要完全弄清，还需做长期深入细致的工作。

一、对中枢神经系统的作用

（一）缩短睡眠时间

小鼠腹腔注射脂香（分别为25 mg/kg，50 mg/kg，100 mg/kg）、人工麝香酮/天然麝香酮（0.02～0.5 mg/kg）或天然麝香（2 mg/kg），均能缩短环已巴比妥钠或戊巴比妥钠引起的睡眠时间。

麝香（20 mg/只）口服给药，能明显缩短戊巴比妥钠所致小鼠的睡眠时间，大鼠多次灌服麝香混悬液（200 mg/kg）或麝香酮（5 mg/kg），均能明显缩短戊巴比妥钠所致的睡眠时间。

麝香口服，可显著降低大鼠血液及全脑中戊巴比妥钠的含量，推测麝香兴奋中枢是由于激活了肝微粒体药物转化酶的作用，加速了肝内戊巴比妥钠的代谢失活。试验表明，麝香能引起皮层长时间强烈的电活动和行为上的安静、清醒和警戒状态等现象，这说明静脉注射麝香可能是通过血脑屏障直接作用于中枢神经系统。

麝香能直接作用于中枢神经系统而发挥缩短睡眠的作用。但也另有试验发现，人工麝香、天然麝香酮（100 ~ 500 mg/kg）和天然麝香（1 g/kg）反式戊巴比妥钠可引起小鼠睡眠时间延长（缩短或延长睡眠的效果均以人工麝香酮为最弱），由此可知，麝香对中枢神经系统的作用为双向性：小剂量兴奋（缩短睡眠时间），大剂量抑制（延长睡眠时间）。

（二）影响条件反射

天然或人工麝香酮小剂量（0.002 mg/kg）对大鼠食物运动性条件反射无显著影响；中等剂量（0.01 ~ 0.05 mg/kg）能使阳性条件反射潜伏期延长或使条件反射消失，分化相改善，个别动物分化相受抑制；较大剂量（1 mg/kg）对大多数动物呈中毒现象，阳性条件反射不规则或消失。实验证明，麝香水提液腹腔注射或麝香混悬液灌服能分别提高中枢兴奋药苯丙胺、士的宁、莽草所致小鼠中毒的死亡率。

（三）抗缺氧

麝香（60 ~ 200 mg/kg）腹腔注射，对常压缺氧有明显对抗作用，可显著延长小鼠存活时间。麝香增强中枢神经系统的耐缺氧能力，可能是其芳香开窍的理论依据。

（四）镇痛

麝香具有镇痛作用，能抑制小鼠醋酸扭体次数，但麝香酮和尿囊素无此作用。应用大鼠颈上神经节体外培养方法，发现麝香具有促进施旺细胞分裂和生长作用，提示麝香具有神经胶质成熟因子样作用。

（五）影响神经细胞分化

麝香在体外对培养大鼠大脑神经细胞的影响表现为双向作用。用新生48 h以内的大白鼠大脑神经细胞进行体外培养，应用相差显微镜、电子显微镜以及细胞化学染色等观察神经细胞的生长分化，并以神经细胞突起的长度及细胞直径为指标，比较麝香对神经细胞生长分化的作用。结果表明，麝香对神经细胞的生长分化有双向作用，即第一周有促进作用，第二周以后出现抑制作用（这为临床应用麝香治疗神经系统疾病提供了理论依据）。此外，采用大鼠可逆性大脑中动脉梗塞模型，通过脑梗塞区脑组织含水量，脑梗塞的体积的测定和神经细胞病理学的实验观察，证实麝香对缺血性神经元损伤有保护作用。

（六）改善脑血流

麝香对脑缺血引起的脑损伤有保护作用。通过对小鼠脑损伤的影响实验，结果表明，麝香能明显缩短KCN诱发的昏睡时间，延长KCN诱发生存时间、断头后呼吸时间、颈动脉结扎后生存时间、常压性无氧负荷时的生存时间、减压性无氧负荷时的生存时间，对几种低、无氧性脑损伤和缺血性脑障碍组织具有保护作用。其醒脑开窍作用可能是与其改善了脑血流作用有关。

（七）抗痴呆

观察麝香酮对D-半乳糖所致的拟痴呆小鼠学习记忆的影响，以及麝香酮对其血清超氧化物歧化酶（SOD）活性、脑组织丙二醛（MDA）含量及单胺氧化酶（MAO）活力的影响。结果发现，麝香酮可明显拮抗痴呆小鼠的学习记忆功能减退（水迷宫法），并可升高其血清的SOD活力，降低脑组织中升高的MDA含量，抑制MAO活力，从而具有一定的抗痴呆作用。

（八）归经入脑

用麝香的主要有效成分——麝香酮，经大鼠尾静脉注射。之后，按不同时间取其脑等内脏，制备组织样品，用气相色谱法（色谱法是研究中药有效成分通过血脑屏障的可取方法）测定麝香酮透过血脑屏障的脑内分布和其他脏器分布。结果是麝香酮可通过正常大鼠的血脑屏障分布于脑组织内，而且很快达到高峰（具有相当浓度），但代谢较其他脏器缓慢。结论：麝香可以“归经入脑”。

二、对心血管系统的作用

（一）对心脏的作用

麝香具有明显的强心作用，能使动物心脏收缩振幅增加，心肌功能亢进，但对心率一般无影响。

用浓度为0.1 mg/mL的麝香水混悬液，可使离体蛙的心肌收缩显著增强。用10 mg/mL麝香生理盐水混悬液，以30 mg剂量亦使离体蛙心的心肌收缩增强1倍，而对心率无影响。离体兔心给药0.3 ~ 0.5 mg剂量，可使心肌收缩振幅增加50%。用麝香水混悬液或水提物，每次给药12.5 mg，可直接兴奋蟾蜍离体心脏（可维持10 min左右），天然麝香0.5 ~ 2.0 mg/mL可使离体蟾蜍心脏收缩振幅加大、收缩力加强、心输出量增大。麝香酮腹腔注射并静脉滴注黄花夹竹桃苷，没有出现强心苷中毒的协同作用，由此推测麝香酮具有明显强心作用。

用合成麝香酮、天然麝香酮和麝香乙醚提取物给蟾蜍静脉注射，均使其心脏收缩兴奋，用麝香酮的吐温-80乳剂以10 mg/kg剂量腹腔注射小鼠，能显著增加心肌的抗缺氧能力（存活率较对照品潘生丁高3倍），铷86测定结果，说明麝香酮能增加小鼠心肌营养性血流量，并对异丙基肾上腺素引起的实验性心肌坏死有一定的保护作用。但也有报道，当麝香酮剂量为

0.04～1.00 mg/mL时，使蟾蜍离体心脏在灌流时的心跳振幅减小，浓度越高，心收缩力越小，心输出量也减少，甚至抑制心脏跳动。在观察麝香酮与黄夹苷对鸽强心作用的影响时，对照组与加麝香酮组的平均致死量没有显著差别，推测麝香酮没有明显的强心作用，以麝香酮3 mg/kg剂量给狗静脉注射，能使其心率减慢20%。麝香0.2 mg/mL培养液对离体心肌细胞的自主节律具有抑制作用，使搏动频率减慢，不能减慢由氯化钙引起的心肌细胞搏动频率加快的作用。培养心肌细胞在缺氧缺糖情况下，麝香有加速心肌细胞释放乳酸脱氢酶、琥珀酸脱氢酶、酸性磷酸酶和加速受损细胞死亡等毒性作用。

根据实验报道，麝香酮虽无强心作用，但麝香的水溶性提取物Musclide却有强心作用。进一步从麝香中分离得到的Musclide-A1有比Musclide和麝香更强的强心作用。Musclide-A1和Musclide均能激活豚鼠心肌中的蛋白激酶C。麝香对由于血栓引起的缺血性心脏障碍有预防和治疗作用，但麝香没有类似氢化可的松的抗心肌缺血作用。

麝香对实验动物冠状动脉血流量的影响，往往因试验条件不同而异。麝香注射液150 mg/kg、300 mg/kg静脉注射对麻醉犬心脏动静脉氧分压和冠脉流量均无明显影响。麝香水混悬液10 mg/0.5 mL时，对离体雄性兔心脏冠脉流量无影响，麝香水混悬液（6～12）μg/1 000 mL或1 mg/mL水提取物均能使离体豚鼠心脏冠脉流量增加1倍。麝香酮未能使豚鼠离体心脏冠脉流量增加，但麝香酮3 mg/kg的剂量静注可使犬的冠脉流量增加34.8%～56.1%，流量增加达半小时之久。

（二）对血管及血压的作用

1%麝香制剂兔静注0.02 mL/kg，犬0.03 mL/kg，可使其血压上升及呼吸次数增加，而人工麝香酮及天然麝香酶0.006～0.600 mg/kg静注，对犬血压和呼吸无明显影响，但对猫有升压作用，同时其呼吸频率及振幅也有增加，并且天然麝香酮的这一作用较人工麝香酮的强。猫静注麝香（1 mg/kg）能使其血压下降，心率增快，呼吸次数及深度增加。

（三）对血液成分的作用

麝香酮能溶解家兔的血小板凝集物，用麝香酮处理后的血小板凝集率明显下降，并与药物浓度有关。一次腹腔注射麝香酮100 mg/kg能明显降低ADP诱导的血小板聚集率。麝香酮能影响血小板收缩蛋白的功能，使血浆凝块不能正常收缩，明显缩短家兔的凝血时间。

麝香（2 mg/kg）对缺血性心脏障碍的大鼠血小板数的减少有显著性抑制作用，可使纤维蛋白原液的凝固时间延长，有抗凝血酶作用并有弱的血小板凝集抑制作用。

正常大鼠静注麝香水剂0.59 mg/kg，能使血浆cAMP含量增加（以给药后15 min为最明显），作用可维持2 h。研究表明：麝香-Ⅰ在1～100 μg/mL终浓度下，可使中性粒细胞超氧阴离子生成量增加109%～291%，在10～100 μg/mL终浓度下，可使β-葡萄糖苷酸酶释放量降低6%～51%，使溶菌酶释放量降低7%～21%，抑制溶酶体酶释放可能是麝香抗炎作用机制之一。实验研究表明：与对照组比较，麝香-Ⅰ在1～100 μg/mL终浓度下，可使中性粒细胞超氧阴离子生成量增加28.7%～202.1%，可使β-葡萄糖苷酸酶释放量降低3%～46%，使溶菌酶释放量降低7%～21%。抑制溶酶体酶释放可能是麝香抗炎作用机制之一。

王文杰（2003）研究结果表明：皮下注射麝香水提物（5 mg/kg、20 mg/kg、80 mg/kg），能显著抑制羧甲基纤维素诱导的大鼠腹腔中性粒细胞趋化反应，抑制率分别为58.6%、65.1%和73.0%；终浓度分别为1 μg/mL、10 μg/mL、100 μg/mL的麝香-Ⅰ，能明显抑制刺激剂引起的中性粒细胞胞内游离钙水平的升高，抑制率分别为16.3%、24.7%和37.8%。结论：麝香糖蛋白成分对中性粒细胞趋化反应的显著抑制作用是其抗炎作用机制之一。

三、对泌尿生殖系统的作用

（一）对肾上腺受体的作用

麝香水浸膏（0.1 mg/mL）单独使用时，对乳头肌及气管平滑肌无影响。但若以该浓度预先将乳头肌及气管平滑肌处理10 min，则能增强异丙肾上腺素、肾上腺素及去甲肾上腺素对心脏乳头肌的收缩作用及气管平滑肌的松弛作用。其增加儿茶酚胺的作用强度，在用异丙肾上腺素时最强，肾上腺素次之，去甲肾上腺素最弱。以麝香水提物0.5 μm/mL剂量试验，也证实有上述同样的增强作用，但同剂量的麝香酮则无增强作用。

实验研究表明：麝香能够增加心脏β-受体对异丙肾上腺素的反应性。曾报道0.2 mg/mL麝香培养液对离体大鼠心肌细胞α和β受体，都表现出轻度而不完全的竞争性抑制作用，麝香0.1 mg/mL对兔胸主动脉平滑肌无直接作用，以该浓度预先处理10 min不能拮抗具有α作用的肾上腺素和去甲肾上腺素的血管收缩反应。从而可以认为麝香的β-受体增强作用并非由于阻断α-受体作用所致。麝香粗水溶物能增强异丙肾上腺素对心脏和气管平滑肌的作用，但不能增强选择性β-受体兴奋剂舒喘灵对心脏和气管的反应。麝香的精提物W_5-α能明显增强异丙肾上腺素对气管平滑肌的作用，但不能增强异丙肾上腺素和舒喘灵对气管平滑肌的作用。这表明麝香精提物W_5-α仅能选择性地对心脏β_1-受体起作用。据此认为，麝香可能存在增强气管β_2-受体作用的其他成分，这种成分至少部分与COMT抑制作用有关，也可能存在对β_1与β_2受体有特异性的两类成分。

麝香对β-受体的增强作用并非由于α-效应的抑制，进一步研究证实，如用β-受体阻断剂萘乙醇异丙胺预先处理，麝香增强异丙肾上腺素作用仍未见任何减弱，而焦没食子酚的增强作用却明显减弱。因此不能认为麝香的作用有肾上腺素受体机制参与。

酪胺等拟交感胺类药物能通过神经膜进入囊泡内并置换去甲肾上腺素而使其释放，从而增强猫乳头肌的收缩。可卡因具有拮抗酪胺的作用，而麝香却无此作用。因此证明麝香没有可卡因样阻碍去甲肾上腺素在神经末梢部位储存的作用。对利血平化猫乳头肌再用可卡因处理，麝香仍有增强异丙肾上腺素的作用。用大鼠离体心脏观察麝香对3H-异丙肾上腺素掺入细胞的影响，发现非但无阻止其进入的作用，反而有增加的趋向。所以，麝香的增强作用机制与儿茶酚胺的储存部位无关。

实验证明，麝香对COMT的抑制和β增强作用之间无平行关系。麝香Ⅱ

号提取的组分Ⅱ-W5的COMT抑制作用比Ⅱ号弱，而它对异丙肾上腺素的增强作用却有显著提高，表明麝香中肾上腺素的增强作用并非主要由于抑制COMT的结果。

（二）对子宫的作用

麝香对离体子宫和在位子宫均有明显的兴奋作用，将麝香用乙醇浸取，浸取物用水溶解，配成5%的浓度，将麝香水溶药液滴于大鼠、豚鼠和家兔的离体子宫上，可见子宫收缩加强，紧张度持续上升，甚至出现痉挛现象，曾以2 mL/kg剂量，静注两只妊娠2周的家兔，未见胚胎排出，10～50 μg/mL剂量的麝香，对未孕和已孕大鼠子宫兴奋作用不明显，有时还有抑制作用，而同剂量的麝香酮则能明显增加子宫收缩频率和强度，并延续较长时间，小鼠每日皮下注射麝香酮20 mg后，在不影响孕鼠的正常生活和健康以及未出现任何神经系统异常情况下，表现出抗着床和抗早孕作用且随孕期延长，抗孕作用更趋显著。部分注射麝香酮无效的孕鼠，当第10天剖腹检查时，其胚胎发育正常，这一现象进一步说明麝香酮具有抗孕作用。

四、抗菌抗炎及抗肿瘤作用

（一）抗菌与消炎作用

麝香对炎症的早、中、晚三期均有明显疗效，尤其对早、中期炎症作用较强。麝香水浸物对实验性小鼠耳部炎症、关节肿、关节炎等均有非常显著的抑制作用，能够明显抑制小鼠毛细血管通透性增加，其强度为芦丁的3倍或水杨酸钠的40倍。而含有麝香的六神丸对于毛细血管通透性也有显著的抑制作用。麝香、蟾蜍及牛黄3种药物合用时，有明显的协同作用。大鼠皮下注射麝香乳剂，能抑制大鼠巴豆油引起的肉芽囊液的渗出和囊壁的增厚，其抗炎作用与氢化可的松相似。

麝香酊的稀释液，在试管内能抑制大肠杆菌及金黄色葡萄球菌。对由分枝杆菌抗原注射液引起的大鼠关节炎，其消炎作用强于布他酮。

使用含天然麝香的制剂对大鼠进行皮下注射后，可以观察到该制剂对巴豆油造成的大鼠渗透肉芽囊液的增加和囊壁厚度的增加具有抑制作用，表明该制剂和氢化可的松具有近似的抗炎功效。麝香可以刺激肾上腺使其功能增强。如果割除小鼠的肾上腺，则麝香制剂不能表现出抗炎的效用，而切除大鼠的脑垂体，其仍然拥有抑制炎症的作用，这就说明天然麝香发挥其抑制炎症的作用不需要脑垂体的介入而直接依托于肾上腺。多肽是麝香抗炎作用的活性成分。

（二）抗肿瘤作用

麝香具有明显的抗肿瘤作用。孟照华等将BALB/C小鼠接种乳腺癌实体瘤分成3组：对照组（单纯移植肿瘤）；给药组（又分为麝香同位组和麝香异位组）及麝香组（只埋藏麝香而无肿瘤）。观察指标为：动物的生存期，瘤重增长情况，免疫检测指标有NK活性，血IR-2R及淋巴细胞转化率（T-TR）。实验结果证明：①生存期：给药组平均每只鼠比对照组延长6.9 d，且给药组的同位组更有效；②瘤重：对照组瘤重平均为（1.61 ± 0.51）g，给药组为（1.14 ± 0.42）g；③免疫学检测：NK细胞活性对照组为20%，给药组平均为28.3%，麝香组平均为21.5%；IR-2R：对照组平均为29.3%，给药组平均为41.6%，麝香组为32.4%；T-TR：对照组为37.4%，给药组平均为58.3%，麝香组为34.5%。给药组与其他两组比较，均有明显的提高作用，说明麝香用于治疗肿瘤不仅有延长生命、缩小肿瘤的作用，而且还可提高机体的免疫功能。

五、雄性激素样作用

早期研究曾用测量去势鸡冠面积法，观察药物的雄激素作用，发现10%的麝香橄榄油溶液（0.2 mg）直接涂于鸡冠，有明显的雄激素样作用。其强度与100 mg去氢雄酮相当，而麝香酮则无作用。

六、抗溃疡作用

用浓冰醋酸直接涂抹于大鼠胃壁诱发慢性实验性溃疡，将麝香混悬液按

200 mg/kg连续给大鼠灌胃7 d后，以溃疡面积和溃疡容积为指标，观察麝香对溃疡愈合的影响。结果证明，麝香对大鼠胃溃疡的疗效显著，比胃膜素效果好。

七、其他作用

过去曾将麝香用于呃逆、中枢神经衰竭，现已少用，而人工麝香可用于小儿百日咳的咳嗽及声门痉挛。

第五节　临床应用

临床常用：在临床上，麝香因其辛温香窜，且归心经血分，常复方用于以下三方面：一是开窍醒神，治疗闭证。如《温病条辨》的安宫牛黄丸、《太平惠民和剂局方》的至宝丹、《外台秘要》的紫雪丹治疗热闭神昏，《太平惠民和剂局方》的苏合香丸治疗寒闭神昏。二是活血化瘀通经，治疗瘀血诸证。如《圣济总录》的麝香汤治疗胸痹痛，《古今医统》的穿山甲散治疗癫瘕，《医林改错》的通窍活血汤治疗经闭、痛经，《良方集腋》的七厘散治疗跌打损伤、骨折扭伤。三是消肿止痛，治疗疮痈、咽喉肿痛。如《外科全生集》的小金丹以麝香、乳香、没药等配伍为丸，治痰核、流注、瘰疬、乳癌等，《雷公上诵芳堂方》的六神丸以麝香、珍珠粉、牛黄、雄黄、蟾酥、冰片等配伍，治疗咽喉肿痛。

临床应用：文献查阅发现，麝香保心丸、复方麝香注射液、麝香镇痛散、麝香乌龙丸、麝香海马追风膏、麝香壮骨膏、马应龙麝香痔疮膏等中成药制剂的临床应用报道较多。其中，源于安宫牛黄丸方研制的复方麝香注射液对脑出血、重型颅脑损伤、急性脑梗死、肾绞痛、三叉神经痛、重症中暑、病毒性脑炎、流行性腮腺炎、有机磷农药中毒、一氧化碳中毒等均有较好的疗效。由麝香、苏合香脂、冰片、人参、蟾蜍、牛黄等研制而成的国家中药保密品种麝香保心丸是临床防治冠心病的经典药物。麝香保心丸单独用药对冠心病、胸闷、心绞痛、心肌梗死、慢性心力衰竭、急性脑梗死、高血压、眩晕急性发作、顽固性高血压、脑血管性痴呆、慢性支气管炎、哮喘、急腹痛、偏头痛、慢性胃炎、室性早搏、面瘫、妇女更年期综合征等均有良好的治疗作用。

中成药制剂：在国家卫健委颁布的药品标准中，中成药方制剂中收录的4 055个中成药制剂中有209个中成药制剂使用了麝香或人工麝香，占收录中成药制剂总数5.15%。209种中成药制剂包括稀莶通栓丸、子宫锭、药墨、抗栓胶囊等功效以活血凉血化瘀为主，通窍散、卫生散、武红灵散、人参至宝丸等功效以开窍醒神为主，麝香止痛贴膏、麝香活血化瘀膏、麝香虎骨膏、麝香跌打软膏等功效以消肿止痛为主，珠珀惊风散、参麝活络丸、回春丹、育婴丸、广羚散等功效以镇静化痰为主，阿魏麝香化积膏、胃肠安丸、百效丸、小儿健脾贴膏、金衣至宝锭等功效以化痞消积健胃为主，八宝拨云散、拨云复光散、拨云眼膏、麝雄至宝丸等功效以祛暑清热退翳为主，活络丸、抗栓再造丸、散风活血膏、麝香风湿跌打膏、麝香追风膏等功效以祛风止痛舒筋为主，胡氏六神丸、麝香丸、喉药散、绿萼点舌丸、五粒回春丸等功效以清热利咽止痛为主，周氏回生丸、玉枢散、庆余辟瘟丹、行军散等功效以辟秽解毒为主；黑虎散、复方蟾蜍丸、蟾蜍锭等功效以消解疮痈疔毒为主，所治疾病涵盖神经系统、呼吸系统、心血管系统、消化系统、耳鼻喉科、眼科、普外科、妇科、儿科等多系统疾病。

第六节　中成药的品种与功效

一、复方麝香注射液

主要由麝香、冰片、珍珠母等纯中药组成，是在古方安宫牛黄丸的基础上改制而成的水溶性注射液，通过静脉给药，可透过血脑屏障直接作用于中枢神经系统而发挥作用，其阻滞钙通道，减轻细胞内钙超载，清除氧自由基，降低脑水肿，提高对缺氧的耐受力，能防止心、脑再灌注损伤，有效控制缺氧缺血性脑病。

在术前开始0.5 h静脉滴注0.1 mL/kg复方麝香注射液可有效降低老年患者全麻术后早期中轻度认知障碍的发生，有利于老年患者的加速康复外科实施；能够有效改善高血压性脑出血患者神经功能和血液黏度，缩短康复时间，降低死亡率；复方麝香注射液配合血肿微创引流术治疗中老年高血压脑出血患者，比单纯的手术治疗效果明显，能降低并发症和致残率，改善患者的生活质量，值得临床进一步推广、研究；复方麝香注射液穴位注射联合奥尔芬对泌尿系结石患者肾绞痛镇痛起效较传统方法迅速，而且镇痛效果明显优于传统方法。

二、麝香保心丸

本品由麝香、人参、苏合香、蟾酥等药味，经适宜的加工、炮制、粉碎、混匀，制成微丸，每丸重22.5 mg，即得。本品为黑褐色有光泽的微丸，截面棕黄色。味苦、辛凉，有麻舌感。

药理学研究表明，麝香保心丸能扩张冠状动脉，增加心肌血供，降低心肌氧耗量。临床研究表明，作为急救药物，含服麝香保心丸后1 min即显示有效的抗心绞痛作用，其确切的疗效与传统的抗心绞痛西药硝酸酯类相同，且无明显的不良反应。最近的初步研究显示，长期服用麝香保心丸能减少实验动物心肌梗死的范围：对高脂血症造成的动脉壁损害具有保护作用，减轻高脂血症对动脉内膜严重损害及其致动脉粥样硬化的作用，使高胆固醇高脂肪饲料喂养的动物体内动脉血管的粥样硬化病灶明显减少，严重程度显著减轻。对心肌梗死的动物实验表明，长期服用麝香保心丸能增加缺血区心肌血供，减少心肌梗死面积：减少氧自由基的生成；改善心脏的收缩和舒张功能。

由上海市华山医院、仁济医院、新华医院、第九人民医院和东方医院组成的上海市麝香保心丸临床科研协作组，在210例冠心病心绞痛患者中进行了严格周密的对比研究，将麝香保心丸与预防心绞痛发作的经典西药消心痛作比较。结果表明，麝香保心丸能显著减少冠心病患者心肌缺血发作的次数，减少心绞痛发作时硝酸甘油的消耗量。运动试验表明麝香保心丸能明显改善心绞痛患者的运动耐量，总有效率达90%。一次口服后，麝香保心丸在3 min内起效者占55.2%，5 min内起效者占86.3%。其抗心绞痛作用平均持续64 h。在部分患者中还采用同位素锝99 m心肌显像的方法证实，服用麝香保心丸后，多数病人心肌缺血明显减轻或完全恢复至正常，总改善率达70.5%。近年来有关麝香保心丸的研究受到国内心脏病学者们的越来越多的关注。广东省第二中医院，以及山东省聊城市第二人民医院进行的较大规模临床研究，得到了相同的结果，同时，还表明麝香保心丸能降低血黏度，缓解冠心病病人的高黏和高聚状态，改善微循环从而增加冠脉血流量，保护缺血心肌。因此，对冠心病患者，麝香保心丸具有芳香温通，行气止痛，益气强心的功效，是一种病危时含服能救心，平时服用能保心的必备良药。

三、马应龙麝香痔疮膏

由麝香、珍珠、琥珀、牛黄等名贵中药制成，具有清热解毒、活血化瘀、消肿止痛的功效。通过多年临床应用发现，它除了能治疗痔疮、肛裂及肛周湿疹外，还可用于治疗以下病症。

唇疱疹表现为口唇附近出现成簇的疱疹，痛痒不已。涂搽此药膏，每日2～3次，可迅速止痒止痛，促使疱疹干涸结痂。

日晒伤（日光性皮炎）受晒处皮肤表现红肿、瘙痒、灼痛，严重者可引起水疱。涂搽此药膏，即感患处凉爽舒适，痛痒减轻，每天涂1～2次，2 d后症状即可全部消失。

小儿红臀（尿布皮炎）表现为臀部皮肤红肿、红斑，严重者出现水疱。患部以温水洗净擦干后，每日涂搽此药膏2～3次，连用2 d即可获愈。

痱子患部以温水洗净擦干后，涂以此药膏，既止痒，又可促使痱子消退。

浅度烫伤轻度烫伤，先迅速用冷水冲，止痛后，涂以此药膏，有消肿止痛，预防起泡和感染化脓，以及促进皮肤修复的作用。

缠腰龙（带状疱疹）患部先以75%酒精消毒，待干后，用一次性注射针头逐个挑破疱壁，以棉签吸去疱液，然后涂搽此药膏，每日2～3次。临床经验表明，此药膏的治疗效果较好。

褥疮出现红斑者，患部以温水清洁擦干后，涂搽此药膏，每日2次；出现糜烂、溃疡者，先以生理盐水清洁创面后，再涂敷药膏，覆盖纱布固定，每日换药1次。此药膏有活血化瘀、祛腐生肌、促进愈合之良效。

黄水疮（脓疱疮）患者皮肤上出现绿豆至黄豆大的水疱，疱破后流黄水、结黄痂。患处先以75%酒精或碘酒消毒，再用消毒过的剪子在疱壁根部，将疱壁剪除，用消毒干棉签蘸掉脓液，然后涂敷药膏。一般治疗1次即可获愈。

粉刺（青春期痤疮）面部先用温水洗净后，涂此药膏于患处，每日2～3次。症状严重者，可配合口服四环素、甲氰咪胍。

四、西黄胶囊

麝香75 g，牛黄15 g，乳香（制）500 g，没药（制）500 g。以上四味，乳香，没药粉碎成细粉，将牛黄、麝香，研细，与上述粉末配研，过筛，混匀，装入胶囊，每粒重0.25 g。本品内容物为灰黄色粉末，气芳香，味微苦。功能解毒散结，消肿止痛。用于痈疽疮疡，多发性脓肿，淋巴结炎，寒性脓疡。口服，每次4～8粒，每日2次。

五、红灵散

麝香60 g，雄黄120 g，朱砂200 g，硼砂120 g，金礞石（煅）80 g，硝石（精制）200 g，冰片60 g。以上七味，除麝香、冰片外，雄黄、朱砂水飞或粉碎成极细粉，其余硼砂等三味碎成细粉，将麝香、冰片研细，与上述药粉末配研，过筛，混匀，即得。本品为棕色至赤棕色的粉末，气芳香浓郁。味微苦。取本品少量，置光洁的铜片上，加数滴盐酸，用绸布摩擦，铜面即变为银白色。本品置瓷皿中，用表面皿覆盖，小火加热，有白色及红色升华物，放冷取表面皿，嗅之有显著的凉感和香气。本品适量，加水加热，滤过，滤液适量，置试管中，缓缓加硫酸适量，放冷，沿管壁加硫酸亚铁试液，两液接界处显棕色环。功能祛暑，开窍，辟瘟，解毒。用于中暑昏厥，头昏胸闷，恶心呕吐，腹痛泄泻。口服，每次0.6 g，每日1次。孕妇禁用。

六、通窍散

麝香500 g，闹羊花200 g，灯草灰1 kg，蟾酥120 g，硼砂（煅）250 g，细辛130 g，荆芥（炭）250 g，猪牙皂150 g，冰片280 g。以上九味各研细粉，灯草灰过80目筛，其余分别过100目筛备用。各取净粉，除灯草灰外，先将余药混合，然后与灯草灰和匀，过80目筛，即得。本品为黑色或易松散的块状物；具麝香、冰片等特异气，嗅之易打喷嚏。功能通关开窍，解暑辟秽。用于受暑中恶，头目眩晕，气闭昏厥，神志不清，四肢厥冷，关窍不通。用时将药粉少许，搐入鼻中取嚏。

七、紫金散

麝香15 g，五倍子100 g，拳参50 g，雄黄50 g，朱砂15 g，茅慈姑100 g，红大戟（制）75 g，千金子霜50 g。以上八味，除麝香、千金子霜外，朱砂研极细粉，雄黄研细粉，其余五倍子等四味掺匀粉碎成细粉，再将麝香、千金子霜与上列各药粉配伍，混匀即得。本品为黄红色粉末；味辛。功能辟瘟解毒。用于时疫头晕，恶心呕吐，泻痢腹痛，疮疡肿毒。口服，每次4 g，2～5岁每次1 g，2岁以内酌减，每日2次，孕妇忌服，忌与甘草同服。

八、犀黄丸

牛黄3 g，麝香15 g，乳香、没药各100 g。每料用黄米面70 g，打糊。功能解毒散痈化结，用于乳岩，瘰疬，肺痈，流注。每次3 g，每日2次，温黄酒送下，温开水亦可，按症状酌情增减。孕妇忌服。

九、醒消丸

乳香、没药各10 g，麝香15 g，雄黄50 g，共为细粉，用黄米面打糊为小小丸。功能消肿止痛，用于痈毒初起，坚硬疼痛。每次3 g，每日2次，温黄酒送下，温开水亦可，按症状酌情增减。孕妇忌服。

十、牙痛片

麝香4 g，五灵脂200 g，蟾酥60 g。取五灵脂、蟾酥粉碎成细粉，过筛，混匀，加淀粉浆适量，制粒，干燥；将麝香研细，加入上述颗粒中，混匀，压制成1 100片。本品为灰褐色片；气香特异，味苦，后有持久的麻辣感。显微特征：无定形团块淡黄色或淡棕色，团块中包埋或散在有方形、柱形、八面体或不规则的晶体。本品研细，加氯仿浸渍，滤过，滤液蒸干，残渣加醋酐使溶解，硫酸初显蓝紫色，渐变为蓝绿色，最后呈污绿色。功能散热，镇静止痛。用于牙痛、牙龈肿痛。含服，每次1片，孕妇忌服。

十一、麝香酊

2%麝香酊的1：400稀释液，体外能抑制猪霍乱弧菌、大肠杆菌及金葡萄球菌的生长。此外，麝香水提物还有抗蛇毒和抗组胺等作用。

十二、其他含麝香的中成药方制剂

（一）六神丸

麝香3 g，牛黄3 g，珍珠（豆腐制）3 g，冰片2 g，蟾酥（制）2 g，百草霜3 g。

（二）片仔癀

麝香3%，牛黄5%，田七85%，蛇胆7%。

（三）七厘散

血竭500 g，乳香（制）15 g，没药（制）75 g，红花75 g，儿茶120 g，冰片6 g，麝香6 g，朱砂60 g。

（四）梅花点舌丸

西红花40 g，红花80 g，雄黄200 g，蟾酥（制）120 g，乳香（制）120 g，麝香4 g，牛黄4 g，血竭40 g，沉香80 g，硼砂80 g，蒲公英240 g，大黄120 g，葶苈子40 g，穿山甲（制）160 g，珍珠2 g，熊胆2 g，蜈蚣7.5 g，金银花160 g，朱砂320 g，冰片40 g。

（五）紫雪

石膏144 g，寒水石144 g，滑石144 g，磁石144 g，玄参48 g，木香15 g，浓缩粉9 g，羚羊角4.5 g，麝香3.6 g，朱砂9 g。

（六）羚黄宝八丸

羚羊角50 g，黄连100 g，麝香5 g，甘草105 g，冰片7 g，人参188 g，人工合成牛黄10 g，猪胆汁膏20 g，丁香15 g。

（七）救心丹

每6粒含麝香1.2 mg，蟾酥5 mg，牛黄2.4 mg，熊胆5 mg，牛黄2.4 mg，熊胆7.5 mg，水牛角18 mg，珍珠7.5 mg，人参12 mg，龙脑2.4 mg。

（八）救心丹（双喜牌）

每2粒含麝香1.0 mg，牛黄2.5 mg，蟾酥3.5 mg，番红花1.2 mg，牛胆1.2 mg，羚羊角1.2 mg，人参2.0 mg。

（九）麝香跌打软膏

麝香0.2 g，生川乌120 g，牛半夏120 g，生南星120 g，洋金花120 g，马钱子30 g，甘草20 g，薄荷油30 g，冰片5 g。

（十）麝香风湿片

麝香0.5 g，乌梢蛇（去头酒浸）200 g，川乌（制）15 g，全蝎10 g，地龙（酒洗）25 g，黑豆25 g，蜂房（酒洗）20 g。

（十一）保婴散

防风77 g，天竺黄53 g，朱砂70 g，白附子（姜醋制）57 g，麝香40 g，胆南星127 g，钩藤77 g，牛黄57 g，冰片57 g，僵蚕（制）77 g，珍珠53 g，全蝎（制）93 g，蝉蜕（去头足）57 g，琥珀70 g。

注：以上药方为指导方剂，具体情况请在中医医师指导下使用。

第七节　古方

古方1：麝香治耳聋，目翳，阴冷。（《本草备要》）

古方2：麝香治卒中风：青州白丸子，入麝香同研碎为末，生姜自然汁调灌之，如牙紧，可自鼻中灌入。（《魏氏家藏方》）

古方3：麝香治小儿疳，常渴，饮冷水不休：麝香0.5 g，人中白0.5 g。上药都研令细，以蒸饼和丸，如麻子大。一二岁儿，每服煎皂荚汤下二丸，空心、午后备一服。更量儿大小，以意加减。（《圣惠方》麝香丸）

古方4：麝香治中恶客忤垂死：空青50 g（细研），麝香0.5 g（细研），朱砂50 g（细研，水飞过），雄黄25 g（细研）。上药相和，研令匀，每服以醋一合、汤一台柏和，调散2.5 g，不计时候服之，须臾即吐为效。（《圣惠方》）

古方5：麝香治小儿诸痫潮发，不省，困重：白僵蚕（汤洗，焙黄为未）25 g，天竺黄0.5 g（细研），真牛黄5 g（别研），麝香（研）、龙脑（研）各2.5 g。上拌研匀细，每服2.5 g，生姜自然汁调灌服，无时。（《小儿卫生总微论方》白金散）

古方6：麝香治肾脏积冷，气攻心腹疼痛，频发不止：麝香25 g（细研），阿魏25 g（面裹偎，面熟为度），干蝎1.5 g（微炒），桃仁五十枚（鼓炒微黄）。上药捣罗为末，炼蜜和九，如绿豆大，每服不计时候，以热酒下二十丸。（《圣惠方》庸香丸）

古方7：麝香治热闭神昏者，可与犀角（水牛角代）、牛黄等配伍。

古方8：麝香治中风不醒：麝香10 g，研末，入清油100 g，和匀灌之。（《济生方》）

古方9：麝香治寒凝血瘀所致心痛者可与吴茱萸、木香、桃仁等配伍。

古方10：麝香治痰迷心窍：麝香0.5 g，月石、牙皂、明矾、雄精各5 g。上共研匀，密贮，每服2.5 g。（《疡科遗编》）

古方11：麝香治跌打气闭：牙皂、北细辛、南星、冰片、麝香等分，为末，吹鼻。（《医钞类编》吹药方）

古方12：麝香除一切恶疮痔漏肿痛，脓水腐肉，面墨斑疹。凡气滞为病者，俱宜用之。若鼠咬、虫咬成疮，以麝香封之。（《本草正》）

古方13：麝香疗蛇毒。（陶弘景）

古方14：麝香治脓耳，定疼痛：蝎梢七枚（烧干取末），坯子胭脂2.5 g（别研），乳香一字（别研），麝香2.5 g（别研）。上件并研令匀，每用以斡耳子挑少许入耳中，日夜三四次。（《杨氏家藏方》麝红散）

古方15：麝香用于疮疡肿毒，咽喉肿痛，麝香辛香行散，有良好的活血散结，消肿止痛作用，内服，外用均有良效。麝香用治疮疡肿毒，常与雄黄、乳香、没药同用，即醒消丸，或与牛黄、乳香、没药同用；麝香用治咽喉肿痛，可与牛黄、蟾酥、珍珠等配伍，如六神丸。

古方16：麝香疗中恶，心腹暴痛，胀急痞满，风毒，妇人破产，堕胎，去面黔，目中肤翳。（《别录》）

古方17：麝香能化阳通腠理，能引药透达。（《仁斋直指方》）

古方18：麝香用于闭证神昏。麝香辛温，气极香，走窜之性甚烈，有极强的开窍通闭醒神作用，为醒神回苏之要药，最宜闭证神昏，无论寒闭、热闭，用之皆效。麝香治疗温病热陷心包，痰热蒙蔽心窍，小儿惊风及中风痰厥等热闭神昏，常配伍牛黄、冰片、朱砂等药，组成凉开之剂，如安宫牛黄丸、至宝丹、牛黄抱龙丸等；麝香用治中风卒昏，中恶胸腹满痛等寒浊或痰湿阻闭气机，蒙蔽神明之寒闭神昏，常配伍苏合香、檀香、安息香等药，组成温开之剂，如苏合香丸。

古方19：麝香杀脏腑虫，制蛇、蚕咬，沙虱、溪、瘴毒，吐风痰。纳子宫暖水脏，止冷带疾。（《日华子本草》）

古方20：麝香治牙齿动摇，龈腭宣露，骨槽风毒，宣蚀溃烂，不能入食者：胆矾10 g、雄黄10 g、麝香5 g（别研）、龙骨5 g，上药研令极细，每用一字，以鹅毛蘸药扫患处，日用一二次。若小儿走马疳，唇龈蚀烂者，先泡青盐汤洗净，后用新绵拭干掺药。（《杨氏家藏方》麝香雄矾散）

古方21：麝香治厥心痛：麝香（别研，每汤成旋下），木香50 g（挫），桃仁（麸炒）三十五枚，吴茱萸（水浸一宿，炒干）50 g，槟榔（煨）三枚。上五味，除麝香、桃仁外，粗捣筛，入桃仁，再同和研匀。每服15 g，水半盏，童子小便半盏，同煎至六分，去滓，入麝香末2.5 g，搅匀温服，日二服。（《圣济总录》麝香汤）

古方22：麝香治痈疽发背及诸恶疮，去恶肉：麝香、雄黄、矾石、茼茹（一作“真朱”）备50 g。上四味治下筛，以猪膏调如泥涂之，恶肉尽，止，却敷生肉膏。（《千金方》麝香膏）

古方23：麝香治中恶，心腹暴痛胀急，痞满，风毒，妇人产难，堕胎，去面黾，目中肤翳。（《名医别录》）

古方24：麝香通诸窍，开经络，透肌骨，解酒毒，消瓜果食积。治中风，中气，中恶，痰厥，积聚症瘕。（《本草纲目》）

古方25：麝香用于难产，死胎，胞衣不下。麝香活血通经，有催生下胎之效。常与肉桂为散，如《张氏医通》香桂散；亦有以麝香与猪牙皂、天花粉同用，葱汁为丸。外用取效，如《河北医药集锦》堕胎丸。

古方26：麝香治血瘀经闭、痛经者，可与桃仁、红花、川芎等配伍。

古方27：麝香除心痛，小儿惊痫、容许，镇心安神，以兰门子一粒，细研，热水灌下，止小便利。能蚀一切州沧脓。（《药性论》）

古方28：麝香治牙痛：麝香大豆许，巴豆一粒，细辛未25 g，上药同研令细，以枣瓤和丸，如粟米大。以新绵裹一丸，于痛处咬之，有涎即吐却，有至孔即纳一丸。（《圣惠方》麝香丸）

古方29：麝香用于血瘀经闭，徵瘕，心腹暴痛，跌打损伤，风寒湿痹等证。麝香可行血中之瘀滞，开经络之壅遏，以通经散结止痛每周一次，2周一疗程，疗效满意；麝香用治痹证疼痛，顽固不愈者，可与独活、威灵仙、桑寄生等祛风湿药同用。

古方30：麝香疗鼻室不闻香臭。（王好古）

古方31：麝香主辟恶气，温疟，痫痉，去三虫。（《本经》）

古方32：麝香治鼠瘘：麝香（研）、母黄（研）。上二味等分，并为散，取蛤蟆背白汁和涂疮孔中，日一度。（《古今录验方》）

古方33：麝香治妇人阴疮：麝香少许，杏仁不以多少烧存性，上为细末，如疮口深，用小布袋子二个，盛药满紧口，临上药时炙热，安在阴内。（《宣明论方》麝香杏仁散）

附　录

附录1

表1　育成公麝的营养需要量

（头/d）

月龄	体重（kg）	预期日增重（g）	干物质（g）	风干物质（g）	消化能（kJ）	代谢能（kJ）	粗蛋白（g）	可消化粗蛋白（g）	粗纤维（g）	钙（g）	磷（g）	食盐（g）	赖氨酸（g）	蛋氨酸+胱氨酸（g）
3～6	4～5	8～9	70	76	991.6	744.8	12.0	8.4	3.6	0.27	0.14	0.11	0.64	1.16
6～12	5～6	4～5	139	153	1 983.2	1 485.3	24.0	17.0	7.0	0.54	0.27	0.22	1.28	2.32
12～18	6～7	3～4	209	229	2 974.8	2 230.1	36.0	25.0	11.0	0.80	0.41	0.32	1.91	3.47
18～30	7～8	2～3	265	290	3 769.8	2 824.2	46.0	32.0	13.5	1.02	0.51	0.41	2.42	4.40

表2　育成母麝的营养需要量

（头/d）

月龄	体重（kg）	预期日增重（g）	干物质（g）	风干物质（g）	消化能（kJ）	代谢能（kJ）	粗蛋白（g）	可消化粗蛋白（g）	粗纤维（g）	钙（g）	磷（g）	食盐（g）	赖氨酸（g）	蛋氨酸+胱氨酸（g）
3～6	4～6	12～13	80	91	1 150.6	870.3	16.0	11.0	3.7	0.33	0.17	0.16	0.85	1.54
6～12	6～7	4～5	160	182	2 297.0	1 740.5	32.4	22.0	7.4	0.66	0.35	0.31	1.70	3.08
12～18	7～8	3～4	241	273	3 447.6	2 610.8	48.6	33.4	11.0	0.99	0.52	0.47	2.53	4.60

表3 成年公麝的营养需要量

（头/d）

季节	干物质（g）	风干物质（g）	消化能（kJ）	代谢能（kJ）	粗蛋白（g）	可消化粗蛋白（g）	粗纤维（g）	钙（g）	磷（g）	食盐（g）	赖氨酸（g）	蛋氨酸+胱氨酸（g）
春季（1～3月）	256	290	3 962.2	2 995.8	51.0	31.0	13.8	1.21	0.60	0.50	1.41	2.38
夏季（4～6月）	267	303	3 828.4	2 899.5	54.0	37.0	12.4	1.10	0.58	0.52	1.58	2.49
秋季（7～9月）	292	325	4 623.3	3 681.9	57.0	49.0	14.2	1.26	0.63	0.54	2.45	4.67
冬季（10～12月）	287	325	5 100.3	4 150.5	56.0	42.0	13.6	1.20	0.60	0.53	2.00	2.83

表4 成年母麝的营养需要量

（头/d）

季节	干物质（g）	风干物质（g）	消化能（kJ）	代谢能（kJ）	粗蛋白（g）	可消化粗蛋白（g）	粗纤维（g）	钙（g）	磷（g）	食盐（g）	赖氨酸（g）	蛋氨酸+胱氨酸（g）
春季（1～3月）	262	293	3 635.9	2 631.7	36.0	23.0	18.5	1.08	0.54	0.42	0.66	2.32
夏季（4～6月）	262	295	3 016.7	2 087.8	40.5	21.2	15.0	1.14	0.57	0.40	1.26	2.18
秋季（7～9月）	269	294	3 790.9	2 832.6	39.0	27.0	14.2	1.06	0.53	0.43	2.03	4.39
冬季（10～12月）	260	292	3 824.2	2 840.9	41.0	27.8	15.0	1.05	0.53	0.45	1.19	2.38

表5 妊娠母麝的营养需要量

（头/d）

妊娠期	干物质（g）	风干物质（g）	消化能（kJ）	代谢能（kJ）	粗蛋白（g）	可消化粗蛋白（g）	粗纤维（g）	钙（g）	磷（g）	食盐（g）	赖氨酸（g）	蛋氨酸+胱氨酸（g）
前期	262	293	3 635.9	2 631.7	36.0	23.0	18.5	1.08	0.54	0.42	0.66	2.32
后期	287	325	4 723.7	3 422.5	50.0	32.0	13.6	1.84	0.92	0.71	0.92	3.25

表6 哺乳母麝的营养需要量

（头/d）

哺乳性质	干物质（g）	风干物质（g）	消化能（kJ）	代谢能（kJ）	粗蛋白（g）	可消化粗蛋白（g）	粗纤维（g）	钙（g）	磷（g）	食盐（g）	赖氨酸（g）	蛋氨酸+胱氨酸（g）
初产哺乳	313	354	5 573.0	4 840.9	63.0	41.0	16.0	1.99	1.00	0.77	1.16	4.09
经产哺乳	348	394	4 966.4	4 313.7	56.0	36.0	16.2	1.77	0.89	0.69	1.03	3.63

附录2

病历登记表

年　　月

耳号		性别		年龄		圈号	
体况		体重		外部特征		饲养员	
初诊			终诊			转归	

病史、治疗经过：

养麝生产统计年报表

填报单位：　　　　　　　　　　　　　年　　月份　　单位：头、g、%

项目		合计	成年麝		青年麝		育成麝		淘汰麝		仔麝	备注
			公	母	公	母	公	母	公	母		
月（年）初结存												
本月（年）增加	转入											
	出生											
	小记											
本月（年）减少	病死											
	转出											
	出售											
	小记											
月(年)初圈存												
本期净增率												
本期净减率												

产香情况	活体取香									死麝毛壳数	
	取香公麝数	总湿重	湿香平均重	空香头数	白香头数	稀香头数	稀香总产量	稀香平均重	总重量	个数	平均重量
计划											
实际											

繁殖情况	参配母麝数		成龄母麝产仔				青年母麝产仔			产仔总数		正产仔数		繁殖成活率	
	成龄	青年	小记	单胎	双胎	三胎	小记	单胎	双胎	成龄	青年	成龄	青年	成龄	青年

产仔登记表

类别 / 分娩时间	分娩序号	于配公号	母麝		仔麝							备注
			耳号	胎次	性别	初生重（g）	断乳时间	刻号时间	刻号重（g）	耳号	生长发育情况（死亡）	

林麝谱系登记

公麝和母麝的谱系卡A面相同，B面按公麝和母麝的不同性能设计。

A面

麝谱系卡

编号________ 用途________

品种______出生____年____月____日 出生地______初生重（g）____特征___

死亡时间及原因__________

其他

<table>
<tr><td colspan="4">号</td><td colspan="4">号</td></tr>
<tr><td colspan="4">品种 出生 年 月 日 年龄
胎次 产仔数 成活数
其他</td><td colspan="4">品种 出生 年 月 日 年龄
胎次 产仔数 成活数
其他</td></tr>
<tr><td>号
品种
出生
年 月 日
其他</td><td>号
品种
出生
年 月 日
其他</td><td>号
品种
出生
年 月 日
其他</td><td>号
品种
出生
年 月 日
其他</td><td>号
品种
出生
年 月 日
其他</td><td>号
品种
出生
年 月 日
其他</td><td>号
品种
出生
年 月 日
其他</td><td>号
品种
出生
年 月 日
其他</td></tr>
<tr><td>号</td><td>号</td><td>号</td><td>号</td><td>号</td><td>号</td><td>号</td><td>号</td></tr>
<tr><td>品种</td><td>品种</td><td>品种</td><td>品种</td><td>品种</td><td>品种</td><td>品种</td><td>品种</td></tr>
<tr><td>出生</td><td>出生</td><td>出生</td><td>出生</td><td>出生</td><td>出生</td><td>出生</td><td>出生</td></tr>
<tr><td>其他</td><td>其他</td><td>其他</td><td>其他</td><td>其他</td><td>其他</td><td>其他</td><td>其他</td></tr>
</table>

B面

B.1.母麝

繁殖性能

与配公号															
配种时间															
分娩时间															
仔麝（初生重）	公麝														
	母麝														
生长发育情况（死亡）															
记录人名															
备注															

B.2.公麝

生产性能

产香登记	取香时间													
	取香第次													
	生香日期													
	生香天数(d)													
	湿香重（g）													
	干香重（g）													
	含水率（%）													
	标准香量													
配种登记	时间													
	与配母数													
	准配率													
	配怀率（%）													
登记人名														
备注														

麝香收取登记表

场别：

序号	取香时间	耳号	年龄	体重（kg）	鲜香量（g）	干香量（g）	香质量评定	含水量（g）	折合标准香量（g）	备注
合计										
平均										
空囊数										
空囊率										

取香人：　　　　称重记录人：　　　　监督人：　　　　场（组）长：

林麝观察记录表

记录人: 第　　页

日期	耳号	精饲料	青饲料	干饲料	饮水	精神状态	运动	粪便	尿液	备注

各种饲料年用量统计表（　　年）

单位：　　　　　　组：　　　　　　饲养员：　　　　　　计量单位：kg

饲料品种 / 月份	多汁饲料							青饲料				干树叶	精饲料	合计
	莴笋	南瓜	胡萝卜	白萝卜	苹果	西胡瓜	小计	野草	莴笋叶	鲜榆树叶	小计			
1														
2														
3														
4														
5														
6														
7														
8														
9														
10														
11														
12														
平均用量［kg/（d·头）］														

备注：

饲料、饮水消毒记录表

（　　年　　月）　　单位：

日期	饲料	水	数量	单位	消毒时间	操作员	备注
1							
2							
3							
4							
5							
6							
7							
8							
9							
10							
11							
12							
13							
14							
15							

换水、卫生、消毒一览表

部门：　　　　　　　　　　组别：　　　　　　　　　　填表人：　　　年　　月

项目 日期	洗食盆	洗料槽	换水	清扫大（单）圈	冲洗排水沟	消毒		投预防药	饲料准备	工用具归位
						大圈	单圈			
1										
2										
3										
4										
5										
6										
7										
8										
9										
10										
11										
12										
13										
14										
15										
16										

参考文献

国家药典委员会，2025. 中国药典（一部）[M]. 北京：中国医药科技出版社.

罗洪民，2015. 复方麝香注射液穴位注射联合奥尔分治疗结石性肾绞痛临床疗效观察[J]. 亚太传统医药，11（9）：127-128.

盛和林，等，2007. 中国麝科动物[M]. 上海：上海科学技术出版社.

王洪永，2018. 实用养麝学[M]. 西安：世界图书出版公司.

王建明，等，2016. 林麝解剖图谱[M]. 成都：四川美术出版社.

王岚，王翰，刘海萍，等，2016. 麝香的研究现状[J]. 资源开发与市场，32（1）：77-81.

王小卫，王荣辉，冯钰珉，等，2015. 复方麝香注射液治疗高血压性脑出血的临床疗效[J]. 中药药理与临床，31（6）：180-181.

王永生，2004. 麝香生产技术[M]. 北京：中国农业出版社.

吴家炎，等，2006. 中国麝类[M]. 北京：中国林业出版社.

谢强，王飞，张慧，2016. 老年高血压脑出血患者应用复方麝香注射液配合血肿微创引流的效果及预后研究[J]. 中华中医药学刊（9）：2 228-2 231.

杨淑芬，杨艺娇，王海颖，2017. 浅述开窍醒脑中药作用机制[J]. 中国中医急症，26（2）：244-245.

叶太财，周良军，曹强，等，2016. 复方麝香注射液对老年患者全麻术后早期轻度认知障碍的影响[J]. 广东医学，37（18）：2 714-2 717.

于粉红，2016. 麝香保心丸治疗冠心病慢性心力衰竭临床疗效观察[J]. 中西医结合心血管病电子杂志，4（12）：80-81.

余四九，等，2003. 特种经济动物生产学[M]. 北京： 中国农业出版社.

岳艳军，2016. 麝香保心丸对高龄心肌梗死患者的临床治疗效果探讨[J]. 基层医学论坛，20（29）：4 071-4 072.

LI D，CHEN B，ZHANG L，et al.，2016. The musk chemical composition and microbiota of Chinese forest musk deer males[J]. Scientific Reports，6：18 975.

附　图

林麝养殖技术及麝香生产

图1-1 雄林麝牙（19岁）

图1-2 麝被毛外观

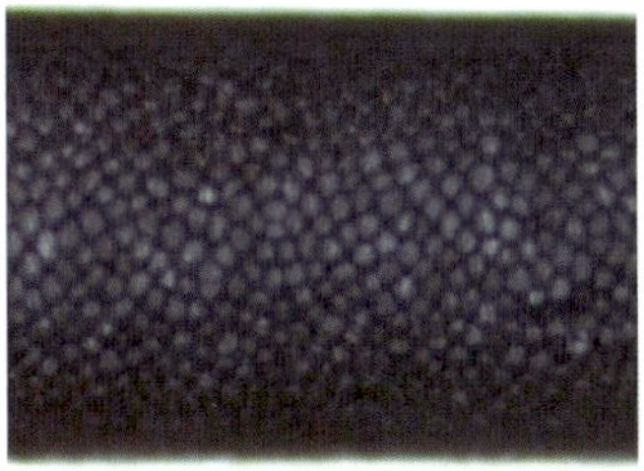

图1-3 麝针毛表面鳞片

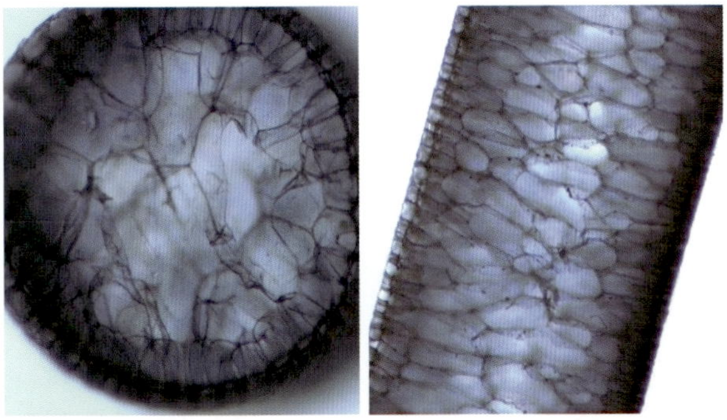

图1-4 麝针毛切面（纵、横切面）

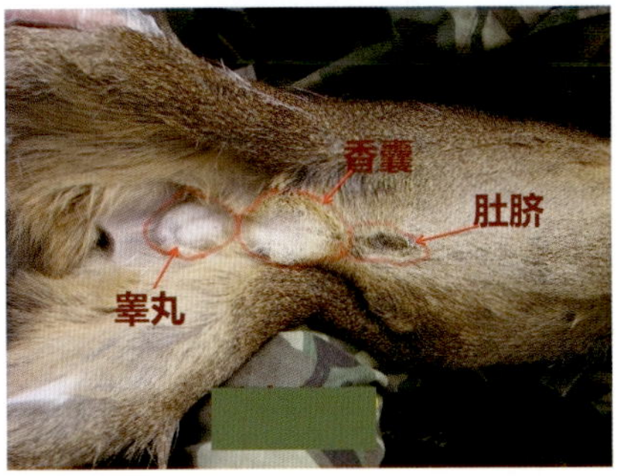

图1-5 香囊的位置

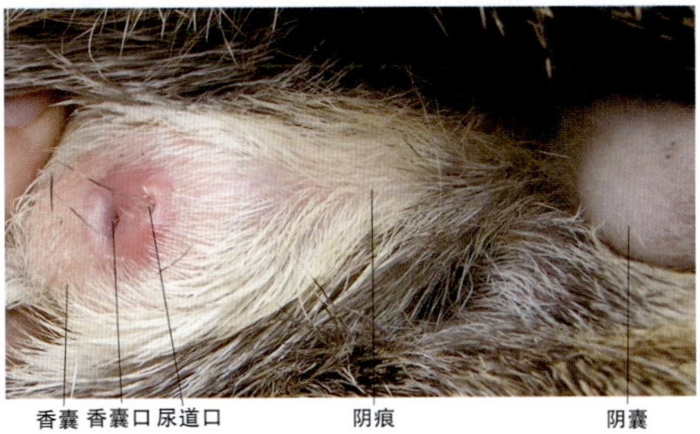

图1-6 香囊开口

图1-7　林麝采食青饲料

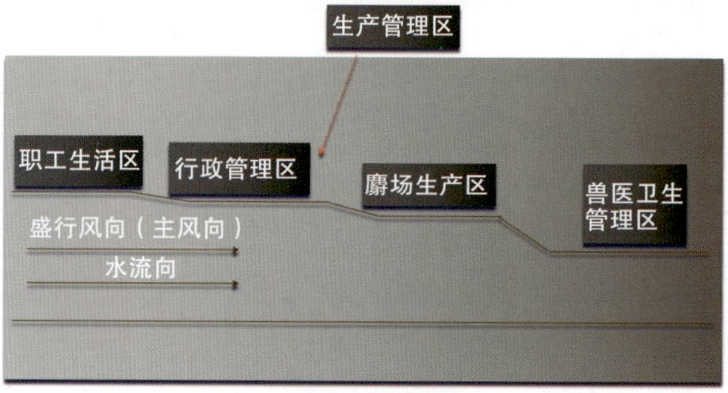

麝场规划模式图

图2-1　养殖场布局

图2-2　圈舍高墙

图2-3　圈舍防逃网

图2-4 单圈大圈组合

图3-1 林麝精料+青饲料混合

图4-1 仔麝照片

图4-2 耳牌

图5-1 种用公麝

图5-2　种用母麝

图5-3　林麝系谱

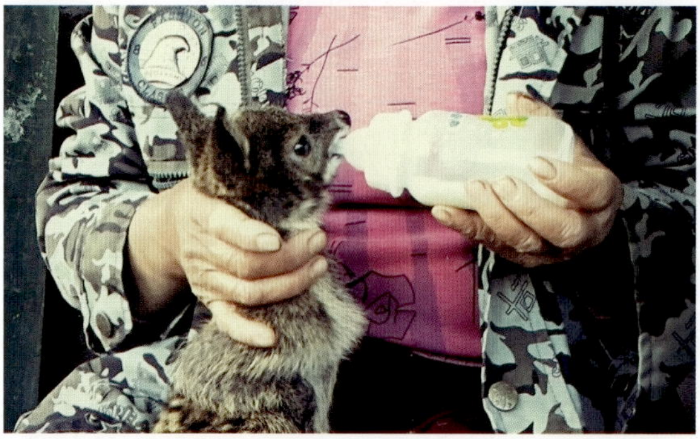

图5-4　人工代乳

图11-1　林麝

图11-2 马麝

图11-3 原麝

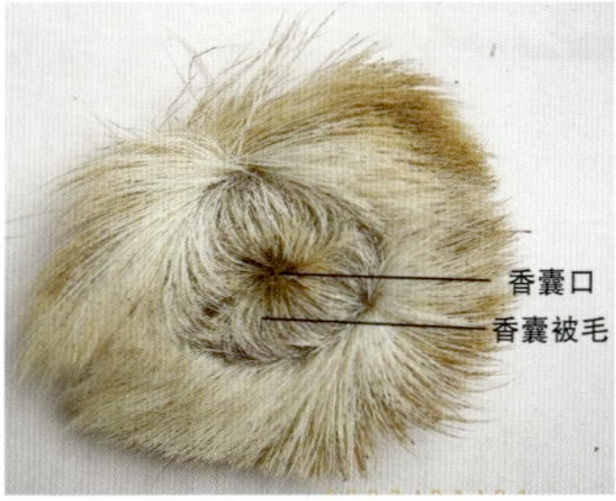

图12-1 带毛皮组织
毛壳香（林麝）

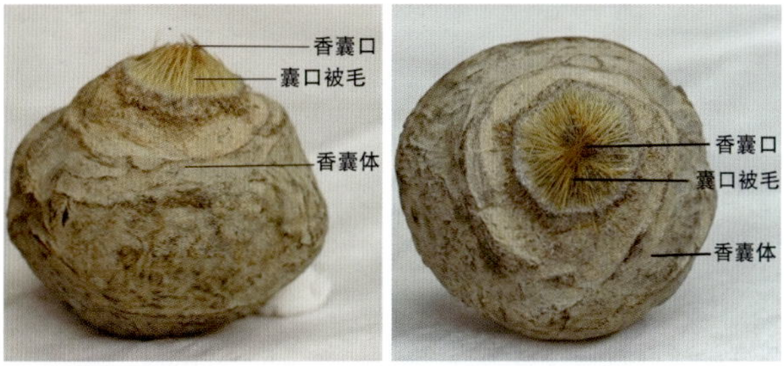

图12-2 不带毛皮组织毛壳
（原麝，来源于俄罗斯）

图12-3 鲜麝香仁

图12-4 干麝香仁

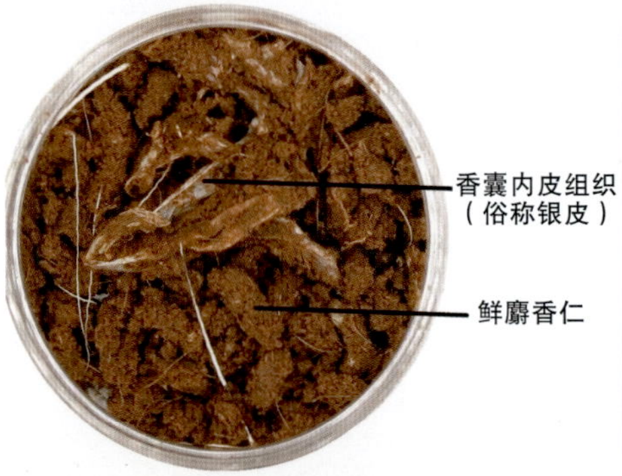

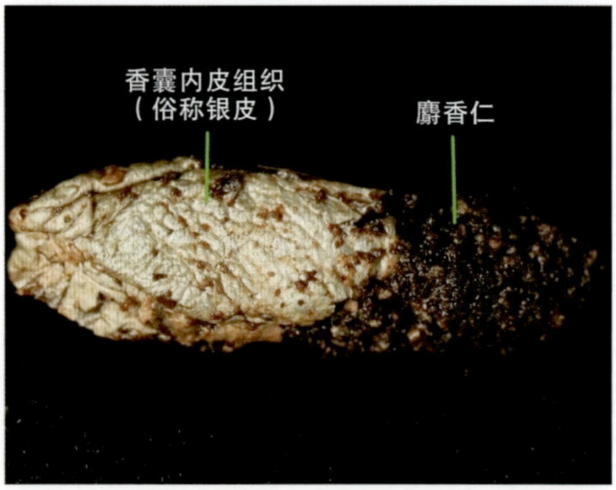

图12-5　香囊内皮组织

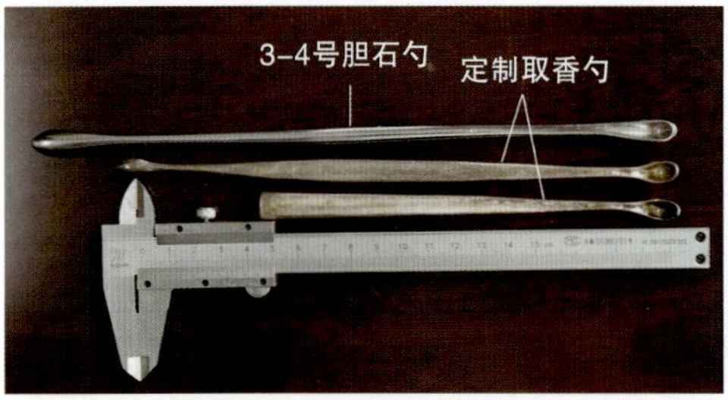

图13-1　取香勺

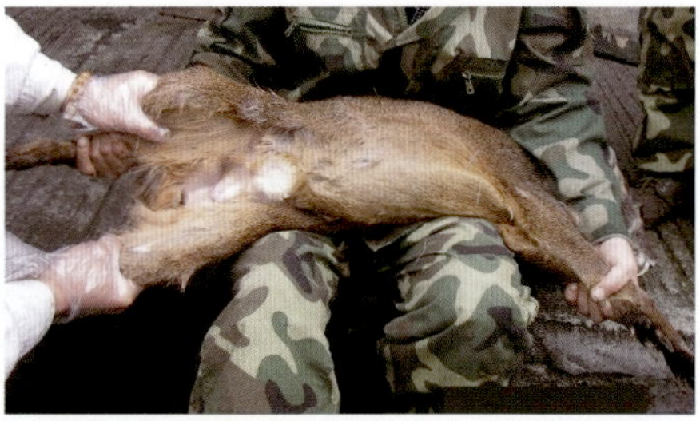

图13-2　保定

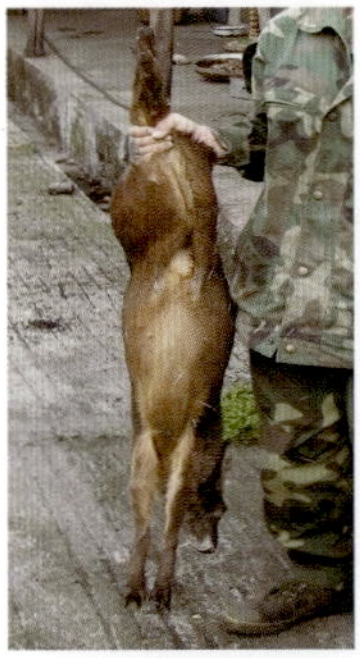

图13-3　抓捕

图13-4　取香

图14-1　麝香图片